中等职业学校公共基础课程配套教材

信息技术学习指导与练习

（下册）

张景文　张屹峰　陈冬冬◎主　编

李志军　苏伟斌　张　雪◎副主编

刘　清◎参　编

电子工业出版社

Publishing House of Electronics Industry

北京·BEIJING

内 容 简 介

本书基于《中等职业学校信息技术课程标准》基础模块第 4～8 单元的学习要求编写，紧密联系信息技术课程教学实际，适当扩大学生学习视野，突出技能和动手能力训练，重视提升学科核心素养，符合中职学生认知规律和学习信息技术的要求。

书中内容旨在帮助学生强化数据处理基础、初步掌握程序设计、了解数字媒体技术相关知识和应用、了解信息安全的知识、初步掌握人工智能知识。以提升学生数据采集和加工、编写简单的应用程序、制作有一定水平的媒体作品、对家用网络、PC 及手机进行安全设置的能力。本书是课堂教学的扩展，是实训操作的延续，也是对学习成果的具体检验，相关学习对强化学科核心素养有极大的帮助。

本书可与中等职业学校各专业的公共基础课《信息技术（基础模块）（下册）》教材配套使用，也可作为强化信息技术应用的训练教材。

图书在版编目（CIP）数据

信息技术学习指导与练习. 下册 / 张景文，张屹峰，陈冬冬主编. —北京：电子工业出版社，2022.12

ISBN 978-7-121-44617-7

I. ①信… II. ①张… ②张… ③陈… III. ①电子计算机—中等专业学校—教学参考资料 IV. ①TP3

中国版本图书馆 CIP 数据核字（2022）第 229049 号

责任编辑：寻翠政
印　　刷：涿州市京南印刷厂
装　　订：涿州市京南印刷厂
出版发行：电子工业出版社
　　　　　北京市海淀区万寿路 173 信箱　邮编　100036
开　　本：880×1 230　1/16　印张：7.5　字数：172.8 千字
版　　次：2022 年 12 月第 1 版
印　　次：2024 年 1 月第 2 次印刷
定　　价：29.80 元

凡所购买电子工业出版社图书有缺损问题，请向购买书店调换。若书店售缺，请与本社发行部联系，联系及邮购电话：（010）88254888，88258888。

质量投诉请发邮件至 zlts@phei.com.cn，盗版侵权举报请发邮件至 dbqq@phei.com.cn。

本书咨询联系方式：（010）88254591，xcz@phei.com.cn。

前言

本书基于《中等职业学校信息技术课程标准》基础模块第4～8单元的学习要求编写，紧密联系信息技术课程教学的实际，适当扩大学习视野，突出技能和动手能力训练，重视提升学科核心素养，符合中职学生认知规律和学习信息技术的要求。

书中内容以强化数据处理、程序设计、数字媒体技术、信息安全和人工智能的系统性知识，深入认识程序设计方法，了解人工智能和机器人应用，提升数据处理、数字媒体应用和信息安全保护能力为目的，以课堂教学扩展、操作训练延续为手段，从而检验课堂学习成果，相关学习与训练对强化学科核心素养有极大的帮助作用。

在本书编写中，力求突出以下特色。

1. 注重课程思政。本书将课程思政贯穿于训练全过程，以润物无声的方式引导学生树立正确的世界观、人生观和价值观。

2. 贯穿核心素养。本书以建立系统的知识与技能体系、提高实际操作能力、培养学科核心素养为目标，强调动手能力和互动学习，更能引起学习者的共鸣，逐步增强信息意识、提升信息素养。

3. 强化专业训练。紧贴信息技术课程标准的要求，组织知识和技能试题，经过有针对性的练习，让学生能在短时间内提升知识与技能水平，对于学时较少的非专业学生也有更强的适应性。

4. 跟进最新知识。涉及信息技术的各种问题多与技术关联紧密，本书以最新的信息技术为内容，关注学生未来发展，符合社会应用要求。

5. 关注学生发展。本书在内容编排上兼顾学生职业发展，将操作、理论和应用三者紧密结合，满足学生考证、升学的需要，提高学生学习兴趣，培养学生的独立思考能力及创新能力。

本书的习题答案（可登录华信教育资源网免费获取）仅给出答题参考，鼓励学生充分发挥主观能动性，积极探索扩展答题视角，从而得到有创意的答案。本书任务考核中的学业质量水平标准同样也仅给出了定性参考，定量标准可根据具体教学情况进行量化。学生在使用教材的过程中，可根据自身情况适当延伸教材内容，达到开阔视野、强化职业技能的目的。

本书由张景文、张屹峰、陈冬冬担任主编，李志军、苏伟斌、张雪担任副主编，刘清参与了编写。其中，第 4 章由陈冬冬编写，第 5 章由张屹峰编写，第 6 章由张雪、刘清、张景文编写，第 7 章由李志军编写，第 8 章由张景文、苏伟斌编写，全书由张景文、苏伟斌负责统稿。

书中难免存在疏漏之处，敬请读者批评指正。

编　者

第4章 数据处理

本章共有 4 个任务，任务 1 帮助学生了解常用数据处理软件，掌握数据采集的基本方法，同时掌握格式化数据和表格处理方法。任务 2 帮助学生进一步掌握数据加工的方法，学会使用运算表达式和函数，完成简单的数据整理。任务 3 帮助学生了解大量数据分析方法，可视化处理制作简单数据图表。任务 4 帮助学生了解大数据相关基础知识，掌握大数据常用的采集和分析方法，让学生对大数据有全面的认知。

任务 1　采集数据

◆ **知识、技能练习目标**

1. 了解数据产生的背景及数据处理应用场景；
2. 了解常用数据处理软件，能描述不同数据处理软件的功能和特点，以及常用数据软件的应用场景；
3. 掌握数据采集的基本方法；
4. 掌握基本数据格式化处理工具的使用。

◆ **核心素养目标**

1. 增强数据意识；
2. 强化信息社会责任。

◆ **课程思政目标**

1. 遵纪守法；
2. 自觉践行社会主义核心价值观。

一、学习重点和难点

1．学习重点
（1）常见数据处理软件的使用；
（2）数据采集的基本方法；
（3）数据和表格的格式化处理。

2．学习难点
（1）数据采集方法的选择；
（2）数据格式化的准确应用。

二、学习案例

案例1：智能数据采集

小华知道数据采集有多种方式，其中使用程序编写网络爬虫也是一种主要方法。

网络爬虫是网络数据采集的一种方式，也被称为网络蜘蛛或网络机器人，是一种按照特定规则，自动抓取网络信息的程序或脚本。常见的搜索引擎 Google、百度等都可以理解为网络爬虫。通过程序编程制作网络爬虫，可以将用户希望获取的数据自动抓取下来。

小华在深入思考以下问题：

（1）网络爬虫有哪些实现工具？如何实现呢？发展趋势如何？

（2）网络爬虫是不是所有数据都可以采集呢？有哪些要求和限制？

案例2：教师节心意

一年一度的教师节要到了，小华作为班干部想了解一下全班同学的想法，准备使用在线问卷方式进行调查。

在线问卷调查是通过互联网或其他调查系统进行调研的方法。随着移动互联网的发展，基于APP或微信小程序的在线调查工具极大地方便了进行大量线上调查，常见的有腾讯问卷、问卷星、番茄表单、51调查等。

小华在深入思考以下问题：

（1）在线调查问卷的结构和组成如何设置，需要注意什么？有哪些法律、道德约束？

（2）在线调查问卷的作用区间及有效性如何？

三、练习题

（一）选择题

1. Excel 和 WPS 表格属于（　　　）。
   - A. 数据处理软件
   - B. 播放软件
   - C. 硬件
   - D. 操作系统

2. 退出 Excel 的快捷操作是按（　　）组合键。
   - A. Alt+F4
   - B. Ctrl+F4
   - C. Shift+F4
   - D. Ctrl+Esc

3. Excel 文档的默认扩展名是（　　　）。
   - A. .docx
   - B. .pptx
   - C. .xlsx
   - D. .txt

4. 在 Excel 使用过程中，可以按（　　　）键获得系统帮助。
   - A. Esc
   - B. Ctrl+F1
   - C. F1
   - D. F11

5. 下列概念中最小的单位是（　　　）。
   - A. 单元格
   - B. 工作簿
   - C. 工作表
   - D. 文件

6. 在 Excel 工作表中，每个单元格都有唯一的编号地址，用（　　　）表示。
   - A. 字母+数字
   - B. 文件名+行号
   - C. 文件名+单元号
   - D. 列表+行号

7. 一个 Excel 工作表中最大行号为（　　　）。
   - A. 256
   - B. 16384
   - C. 65536
   - D. 1048576

8. 如果想在单元格中输入某个产品型号"00123"，则应该先输入（　　　）。
   - A. =
   - B. '
   - C. "
   - D. >

9. 按住（　　）键的同时拖动鼠标，可以实现单元格区域数据的复制。
   - A. Ctrl
   - B. Tab
   - C. Shift
   - D. Alt

10. 默认情况下，Excel 以小数点的形式显示所录入的非整数数据，如果希望显示小数格式，则需要先在单元格中输入（   ）。

A. Esc

B. '

C. 0

D. 'o'

（二）填空题

1. 常用的数据处理软件有_____和_____。

2. WPS 表格和 Excel 适用于_____，Sql Server、SAS、SPSS、Tableau、R 常用于_____。

3. 数据采集主要可以采取_____、_____和_____3 种方式进行。

4. WPS 表格在保存文件时，默认状态下扩展名为_____；Excel 在保存文件时，默认状态下扩展名为_____。

5. Excel 工作表中主要包括工具栏、_____、编辑栏、_____、状态栏等。

6. 在 Excel 中双击单元格将进行_____操作。

7. 在 Excel 中每个单元都有一个地址，分别由_____和_____组成，如 B4 表示_____列第_____行的单元格。

8. 在 Excel 中数据编辑框中显示的 3 个工具按钮，✖表示_____，✔表示_____，𝑓ₓ表示_____。

9. WPS 表格和 Excel 可以通过_____选项卡的_____功能区中的多种方式一次性导入外部数据。

（三）简答题

1. Excel 是一个什么样的软件？

2．启动 Excel 的方法有哪些？

3．Excel 的主要功能是什么？

4．.xls 和.xlsx 两种文件格式有什么不同？

5．WPS 表格和 Excel 中如何快速选择不连续的数据？

6．Excel 中单元格的格式有哪些？

7．Excel 中快速移动和复制工作表有哪些使用场景？

8．Excel 中能够设置数据突出显示吗？如果可以，有哪些效果？

（四）判断题

1．Excel 文件保存本地文件类型只能是.xlsx。   （   ）

2．WPS 表格不能编辑 Excel 文件内容。   （   ）

3．WPS 表格是 WPS office 套装中的一个组件，与 Excel 的应用领域和功能类似，除具备 Excel 的功能外，还具有自身的特点。   （   ）

4．Sql Server 可以作为数据存储的一种方式。   （   ）

5．Windows 系统中不能同时安装 WPS 表格和 Excel 两种工具。   （   ）

6．Excel 工作表中的单元格可以通过隐藏和显示进行数据的展示。   （   ）

7．Excel 中数据编辑有误时，可以通过撤销功能回到上一步操作。   （   ）

8．数据采集既可以使用人工录入数据，也可以通过外部导入数据和利用工具软件进行收集。　　　　　　　　　　　　　　　　　　　　　　　　　　　　　　（　　）

9．Excel 专注数据处理，不能进行样式和颜色等设置。　　　　　　　　　（　　）

（五）操作题（写出操作要点，记录操作中遇到的问题和解决办法）

1．新建一个 Excel 文档，输入班级同学基本信息，制作通信录，并以班级名称命名文件。基本信息包括 4 项，分别为序号、学号、姓名和联系方式。

2．信息输入完毕后，标识出女生和男生，女生用红色表示，男生用绿色表示。

3．在班级通信录中，将所有姓名和联系方式进行加粗显示，学号进行斜体显示。

4. 对工作表进行美化，设置整张工作表样式为白色，表样式浅色 15。

5. 班级通信录制作完成后，其中涉及个人隐私信息，尝试对文件进行加密处理。

四、任务考核

完成本任务学习后达到学业质量水平一的学业成就表现如下。

（1）能清晰说明数据处理的应用场景。

（2）能清晰说明常用数据处理软件。

（3）能举例说明数据处理对人类生产、生活的影响。

（4）能正确使用基本数据处理方法解决常见问题。

完成本任务学习后达到学业质量水平二的学业成就表现如下。

（1）能灵活使用数据采集方法解决实际问题。

（2）能对数据可视化进行设计。

任务 2　加工数据

◆　**知识、技能练习目标**

1．掌握不同运算符及表达式的使用；
2．掌握不同函数的使用场景及规则；
3．了解 WPS 表格和 Excel 数据管理分析功能，会进行简单排序、筛选和分类汇总等操作。

◆　**核心素养目标**

1．提高数据处理能力；
2．发展计算思维。

◆　**课程思政目标**

1．强化规矩意识；
2．弘扬工匠精神。

一、学习重点和难点

1．学习重点
（1）运算表达式的使用；
（2）函数的使用。
2．学习难点
（1）运算表达式的综合应用；
（2）函数参数条件设置。

二、学习案例

案例 1：综合成绩计算

　　学校教育要求德智体美劳综合发展，对学生的评价标准趋向多元化，小华同学在学校能够根据自身爱好和兴趣，选择不同的第二课堂兴趣小组，而第二课堂学习情况也将作为期末考核的一部分。第二课堂包括平时成绩和期末成绩两部分，占比分别是 40% 和 60%，通过对平时成绩和期末成绩的权重计算，得出综合成绩。Excel 表中保存的全班成绩如图 4-2-1 所示，小华将尝试进行操作。

	A	B	C	D	E
1	序号	姓名	平时成绩	期末成绩	综合成绩
2	1	学生1	50	65	
3	2	学生2	70	78	
4	3	学生3	65	64	
5	4	学生4	55	50	
6	5	学生5	90	86	
7	6	小华	87	45	
8	7	学生7	58	60	
9	8	学生8	60	68	

图 4-2-1　全班成绩

操作步骤如下。

（1）选择 E1 单元格，输入"综合成绩"。

（2）选择 E2 单元格，输入运算表达式"=C2*0.4+D2*0.6"，然后按"Enter"键。

（3）选择 E2 单元格，然后打开"开始"选项卡的"数字"功能区，将 E2 单元格格式设置为保留小数点后 1 位。

（4）选择 E2 单元格，拖动"填充句柄"至 E9 单元格。这样就得出全班每位同学的综合成绩，如图 4-2-2 所示。

	A	B	C	D	E
1	序号	姓名	平时成绩	期末成绩	综合成绩
2	1	学生1	50	65	59.0
3	2	学生2	70	78	74.8
4	3	学生3	65	64	64.4
5	4	学生4	55	50	52.0
6	5	学生5	90	86	87.6
7	6	小华	87	45	61.8
8	7	学生7	58	60	59.2
9	8	学生8	60	68	64.8

图 4-2-2　全班每位同学的综合成绩

运算表达式是一种比较常用和灵活的运算方式，能够进行整理、计算、汇总、查询等操作，尤其在进行自定义规则时更为有效。

通过综合成绩的计算，小华心有余悸，平时的努力帮了自己一把，根据计算规则，要想取得好的成绩，需要自己在平时和考试时都有好的表现才行。

小华在深入思考以下问题：

（1）运算表达式和函数如何有效使用呢？

（2）运算表达式在使用中可能遇到哪些问题？

 案例 2：等级判断

综合成绩计算出来了，小华接着思考，如何更方便老师了解班级成绩情况呢？解决方法是根据综合成绩进行筛选。那要如何实现呢？

操作步骤如下。

（1）选择 F1 单元格，输入"是否合格"。

（2）选择 F2 单元格，使用 IF 函数进行判断，IF 函数基本语法为"=IF(①条件判断,②结果为真返回值, ③结果为假返回值)"。

①条件判断：合格的条件是综合成绩大于或等于 60。

②结果为真返回值：如果判断大于或等于 60，就显示"合格"。

③结果为假返回值：如果判断小于 60，就显示"不合格"。

输入函数"=IF(E2>=60,"合格","不合格")"，然后按"Enter"键。

（3）选择 F2 单元格，拖动"填充句柄"至 F9 单元格，完成合格显示表，如图 4-2-3 所示。

	A 序号	B 姓名	C 平时成绩	D 期末成绩	E 综合成绩	F 是否合格
1	序号	姓名	平时成绩	期末成绩	综合成绩	是否合格
2	1	学生1	50	65	59.0	不合格
3	2	学生2	70	78	74.8	合格
4	3	学生3	65	64	64.4	合格
5	4	学生4	55	50	52.0	不合格
6	5	学生5	90	86	87.6	合格
7	6	小华	87	45	61.8	合格
8	7	学生7	58	60	59.2	不合格
9	8	学生8	60	68	64.8	合格

图 4-2-3　合格显示表

（4）小华发现 60 分和 80 分都显示"合格"，这不太合理，准备将等级再细化一下。规则设计为：80 分以上（包含 80）为"优秀"，60 分（包含 60）到 80 分之间为"合格"，60 分以下为"不合格"。

（5）选择 F2 单元格，输入函数"=IF(E2<60,"不合格",IF(E2>=80,"优秀","合格"))"，然后按"Enter"键。这里使用到 IF 函数嵌套方法，语法为 IF(条件 1,值 1,IF(条件 2,值 2,值 3))。当满足条件 1 时，则返回值 1；当不满足条件 1 时，判断条件 2，如果满足条件 2，则返回值 2，否则返回值 3。

（6）选择 F2 单元格，拖动"填充句柄"至 F9 单元格，完成最终的等级判断表，如图 4-2-4 所示。

F2　　fx　=IF(E2<60,"不合格",IF(E2>=80,"优秀","合格"))

	A 序号	B 姓名	C 平时成绩	D 期末成绩	E 综合成绩	F 是否合格	G	H	I
1	序号	姓名	平时成绩	期末成绩	综合成绩	是否合格			
2	1	学生1	50	65	59.0	不合格			
3	2	学生2	70	78	74.8	合格			
4	3	学生3	65	64	64.4	合格			
5	4	学生4	55	50	52.0	不合格			
6	5	学生5	90	86	87.6	优秀			
7	6	小华	87	45	61.8	合格			
8	7	学生7	58	60	59.2	不合格			
9	8	学生8	60	68	64.8	合格			

图 4-2-4　等级判断表

小华在深入思考以下问题：

（1）如果 IF 判断条件再多一些，如何进行多级嵌套呢？

（2）IF 判断条件可以有哪些表示形式呢？

三、练习题

（一）选择题

1. Excel 中实现文本连接的运算符为（　　）。

    A. <>   B. &   C. %   D. *

2. Excel 中 SUM 函数实现的功能为（　　）。

    A. 计算参数中的最大值   B. 计算参数中的最小值

    C. 计算参数的和   D. 计算参数的平均值

3. Excel 中单元格地址使用绝对地址引用符号为（　　）。

    A. $ B. #   C. &   D. @

4. Excel 中显示表格中符合某个条件要求的记录，采用（　　）命令。

    A. 有效性   B. 筛选   C. 排序   D. 条件格式

5. Excel 中统计普遍出现的数值，可使用（　　）函数。

    A. COUNT   B. SUM   C. MODE   D. ROUND

6. Excel 中单元格 A2 为 0，B3 为 15，计算 C6=B3/A2，结果为（　　）。

    A. 0   B. #VALUE!

    C. 15   D. 无法显示

7. 计算某一数值相对的排位，可以使用（　　）函数。

    A. MODE   B. RANK

    C. COUNT   D. ROUND

8. 将数值小数点四舍五入的函数为（　　）。

    A. SUMIF   B. COUNT

    C. ROUND   D. RANK

9. 对指定区域中符合指定条件的单元进行计数的函数为（　　）。

    A. COUNT   B. IF

    C. COUNTIF   D. SUMIF

10. 在执行"分类汇总"前，需要以"分类字段"为主要关键字对数据清单进行（　　）。

    A. 排序   B. 合并

    C. 分类   D. 存储

（二）填空题

1. 在 WPS 表格和 Excel 中，函数是一种_____的运算表达式。

2. 函数作为特殊的运算表达式，由 3 部分组成，分别是_____、_____及其_____。

3. MAX 表示计算_____；MIN 表示计算_____。

4. 在 Excel 中，对一个区域计算平均值，可使用_____函数。

5. 在 Excel 中，计算数值在区域中的排名，可使用_____函数。

6. 在 Excel 中，通过特定条件进行判断的操作，可使用_____函数。

7. WPS 表格和 Excel 中，可以通过_____功能区中_____按钮对区域内数据进行排序，有_____和_____两种排序方式。

8. WPS 表格和 Excel 中，可以对数据内容进行分类汇总，单击_____选项卡的_____功能区中的_____按钮，可弹出"分类汇总"对话框。

9. 高级筛选条件时，条件之间是_____关系，放在同一行；条件之间是_____关系的，放在不同行。

（三）简答题

1. WPS 表格和 Excel 中运算表达式都有哪些分类？

2. WPS 表格和 Excel 中运算表达式一般在什么场景下使用？

3．WPS 表格和 Excel 中常用函数都有哪些分类？

4．Excel 中 IF 函数是如何进行复杂判断的？

5．WPS 表格和 Excel 中，除自带的函数外，可以自己编写函数吗？

6．WPS 表格和 Excel 中，如何对数据进行排序？

7. WPS 表格和 Excel 中，如何对数据进行自动筛选？

8. WPS 表格和 Excel 中，分类汇总功能一般使用在哪些地方？

9. WPS 表格和 Excel 在进行高级筛选时，条件存放的位置有什么区别？

（四）判断题

1. 在 Excel 中，"&"符号可以实现两个文本的连接。 （ ）
2. WPS 表格和 Excel 运算表达式使用操作完全不同。 （ ）
3. "A2"表示 A 行 2 列的绝对地址引用。 （ ）
4. SUM 函数可以找出计算区域数值中的最大值。 （ ）
5. SUMIF 函数是求和 SUM 和判断 IF 两个函数的综合使用。 （ ）
6. 在 Excel 中，"≠"是不等于运算符。 （ ）
7. 在 Excel 中，"×"是乘法运算符。 （ ）
8. WPS 表格和 Excel 中数据排序不能设置降序。 （ ）

9．WPS 表格和 Excel 都可以使用运算表达式和函数灵活地进行数据整理和计算。

（　　）

（五）操作题（写出操作要点，记录操作中遇到的问题和解决办法）

1．制作班级本学期成绩表。

2．对成绩进行分析，将上学期和本学期的语文成绩进行比较，如果有提升就标记为红色。

3．计算班级每位同学的平均成绩和每门学科的平均分。

4．计算每个学科成绩的前 20 名。

5．计算班级学生总成绩，并按照降序排列。

6．统计班级学生不及格科目有多少。

四、任务考核

完成本任务学习后达到学业质量水平一的学业成就表现如下。

（1）能区分不同运算符的含义及使用场景。

（2）能运用常见运算符。

（3）了解函数的组成，掌握常用函数的使用。

（4）会进行数据排序、筛选和分类等数据整理操作。

完成本任务学习后达到学业质量水平二的学业成就表现如下。

（1）会使用函数等运算表达式进行复杂的运算。

（2）会使用高级筛选、分类汇总等功能对数据进行查询。

任务 3　分析数据

◆ **知识、技能练习目标**

1. 能理解数据查询和分析的原理与要求；
2. 能掌握数据查询和分析的基本方法。

◆ **核心素养目标**

1. 增强信息意识；
2. 发展计算思维；
3. 提高数字化学习与创新能力。

◆ **课程思政目标**

1. 爱国敬业、安全操作；
2. 大力弘扬工匠精神。

一、学习重点和难点

1. 学习重点

（1）数据查询方法；

（2）制作数据透视表；

（3）制作数据图表。

2．学习难点

（1）数据透视表的分析；

（2）数据图表的编辑。

二、学习案例

 案例1：制作二维簇状柱形图并添加图表元素

小华发现制作的"期末成绩表"中，成绩都是用数字显示的，缺乏直观性。为了增强成绩表的直观可读性，了解一些从数字无法直观看出的趋势和情况，同时提高阅读者的兴趣，可以向表格中添加图表。在 Excel 中，图表有柱形图、条形图、折线图、面积图、饼图、环形图、散点图等多种类型。本例选用"期末成绩表"中的姓名及成绩等数据，生成二维簇状柱形图，并在生成的图表中添加相关元素，进一步对图表进行美化。

操作步骤如下。

（1）打开"期末成绩表"文件。

（2）选中"姓名""语文""数学""英语"及"总分"所在列的数据区域，确定图表所需的数据源。

（3）依次单击"插入"→"图表"→"插入柱形图或条形图"按钮，在打开的下拉列表"二维柱形图"区域中单击"簇状柱形图"按钮，即可生成二维簇状柱形图，如图 4-3-1 所示。

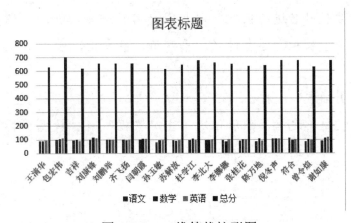

图 4-3-1　二维簇状柱形图

（4）双击"图表标题"，将内容修改为"成绩分析图"。

提示：如生成的图表中没有"图表标题"，可选中图表，依次单击"图表工具/设计"→"图表布局"→"添加图表元素"→"图表标题"→"图表上方"命令，使图表区上方出现"图表标题"字样。

（5）选中图表，依次单击"图表工具/设计"→"图表布局"→"添加图表元素"→"轴标题"→"主要横坐标轴"命令，为图表添加横坐标轴标题并修改其内容为"姓名"。以同样的方法添加纵坐标轴并修改其内容为"成绩"。结果如图 4-3-2 所示。

提示：对添加的图表元素，可以对其形状样式、字体、字号等格式进行修改。

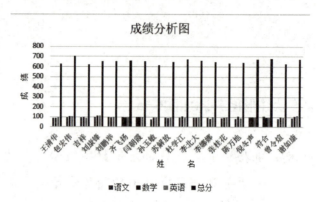

图 4-3-2　添加图表元素

小华在深入思考以下问题：

（1）对图表中哪些元素进行格式设置，才能使图表外观更美观？

（2）图表中横轴和纵轴的内容可以互换吗？

 案例 2：合并计算

"请假明细表"中有请假学生二季度每个月的请假情况，老师让小华统计一下二季度请假学生的总次数。为了便于计算，可以使用"合并计算"功能。该功能可以快速帮助小华将"请假明细表"中的数据按照姓名进行匹配，对相同姓名的相关数据进行数据求和运算。合并计算对数据汇总的方式除了求和，还有计数、平均值、最大值、最小值等。

操作步骤如下。

（1）打开"请假明细表"文件。

（2）先选择一个空白单元格，然后依次单击"数据"→"数据工具"→"合并计算"按钮，打开"合并计算"对话框，如图 4-3-3 所示。

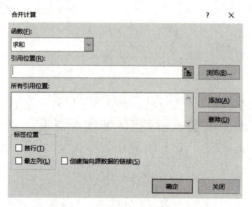

图 4-3-3　"合并计算"对话框

（3）在"函数"下拉列表中选择"求和"选项，然后单击"引用位置"文本框右侧的范围选择按钮，此时进入"合并计算-引用位置"状态，用鼠标拖选表格区域 B2:C16，选定之后单击"折叠对话框"按钮返回，如图 4-3-4 所示。

（4）单击"添加"按钮，即可将所选区域添加到"所有引用位置"列表框中，如图 4-3-5 所示。

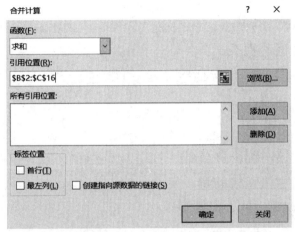

图 4-3-4 选择引用位置

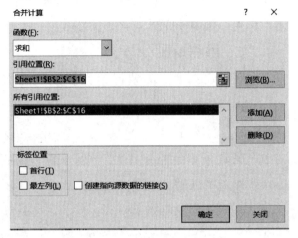

图 4-3-4 添加引用位置

说明：用同样的方法，可选择并添加其他多个引用位置。添加多个引用位置时，若发现添加错误，可选择相应的引用位置，然后单击"删除"按钮进行删除。

（5）勾选"首行"与"最左列"复选框，然后单击"确定"按钮即可设置"标签位置"。合并计算结果如图 4-3-5 所示，在左上角输入"姓名"。

二季度请假明细表				姓名	请假次数
月份	姓名	请假次数			
4	黄天羽	1		黄天羽	1
4	刘润鑫	2		刘润鑫	4
4	曹忠钰	1		曹忠钰	1
5	张飞	2		张飞	3
5	王霖浩	1		王霖浩	1
5	刘润鑫	1		赵圳宇	1
5	赵圳宇	1		王晨	2
5	王晨	2		李逸坤	1
5	李逸坤	1		孙康乐	1
6	孙康乐	1		张鑫	2
6	刘润鑫	1		鲍先明	2
6	张鑫	2			
6	张飞	1			
6	鲍先明	2			

图 4-3-5 合并计算结果

小华在深入思考以下问题：

（1）可以针对不同工作表中的数据进行合并计算吗？

（2）在 Excel 中，还有那些功能可对数据进行分析、管理？

三、练习题

（一）选择题

1. 为实现多字段的分类汇总，Excel 提供的工具是（　　）。
   A. 数据列表
   B. 数据分析
   C. 数据地图
   D. 数据透视表

2. 在 Excel 中，需要显示数据列表的部分记录时，可以使用（　　）功能。
   A. 排序
   B. 自动筛选
   C. 分类汇总
   D. 以上都是

3. 在数值单元格中出现一连串的"###"符号，解决办法是（　　）。
   A. 重新输入数据
   B. 调整单元格的宽
   C. 删除这些符号
   D. 删除单元

4. Excel 中反映 2000—2020 年全球气温变化的图表，（　　）最合适。
   A. 圆形图
   B. 雷达图
   C. 饼图
   D. 折线图

5. 用于分析组成和构成比，适用（　　）。
   A. 饼图
   B. 矩形图
   C. 瀑布图
   D. 树状图

6. 在 Excel 中，数据透视表的数据默认字段汇总方式为（　　）。
   A. 平均值
   B. 最大值
   C. 方差
   D. 求和

7. 在 Excel 中，为了移动分页符，需要在（　　）模式下进行。
   A. 普通视图
   B. 分页符预览
   C. 打印预览
   D. 缩放视图

8. 图表标签设置包含（　　）。
   A. 图表标题设置
   B. 坐标轴设置
   C. 图例位置设置
   D. 以上都有

（二）填空题

1. 数据透视表是一种对大量数据进行_____和_____的交互式表格。

2. 在输入公式的过程中，除非用户特别指明，Excel 一般使用_____来引用单元格的位置。

3．在 Excel 中，通过在起始单元格地址的列号和行号前添加_____符号来表示绝对引用。

4．图表是数据的一种_____表现形式。

5．在连续间隔或时间跨度上显示定量数值，一般可以选择_____图表。

6．_____图表显示各项的大小与各项总和的比例，适用简单的占比比例图。

7．_____图表可用于强调数量随时间而变化的程度，也可用于引起人们对总值趋势的注意。

8．图表建立后，如对效果不满意，则可以使用_____功能区按钮进行编辑。

（三）简答题

1．数据透视表的使用场景是什么？

2．如何插入数据透视表？

3．常用的数据图表有哪些？各有什么特点？

4. Excel 可以实现三维效果图表吗？如果可以，都有哪些？

5. 一般图表和数据透视图的区别是什么？

6. 合并计算的作用是什么？

7. 如何进行合并计算？

8．什么是迷你图？其特点是什么？

（四）判断题

1．图表是一种数据可视化的表达方式。　　　　　　　　　　　　　　（　　　）

2．数据查询可以使用 LOOKUP 和 VLOOKUP 等函数进行。　　　　（　　　）

3．数据透视表中的数据会随原始数据的改变而更新。　　　　　　　　（　　　）

4．WPS 表格和 Excel 中生成图表的操作相同，界面也相同。　　　　（　　　）

5．图表中的数据，可以进行列互换。　　　　　　　　　　　　　　　（　　　）

6．在水平方向上进行比较不同类别的数据可使用饼图。　　　　　　　（　　　）

7．股价图综合了柱形图和折线图，专门设计用来跟踪股价变化。　　　（　　　）

8．雷达图和饼图都适用于展现多维数据集。　　　　　　　　　　　　（　　　）

9．图表能够直观表现数据，在实际使用中应多使用。　　　　　　　　（　　　）

（五）操作题（写出操作要点，记录操作中遇到的问题和解决办法）

1．2022 年北京冬季奥运会已经结束，收集相关信息制作奥运信息表，内容包含但不限于国家、区域、奖牌数、参赛人数。

2．根据奥运信息表制作数据透视表，显示出五大洲获奖情况。

3．根据奥运信息表制作柱状图，显示冬季奥运奖牌前 10 的国家。

4．设置图表标题为"奖牌前 10"，在下方显示。

5．制作饼图显示各国参赛人数。

四、任务考核

完成本任务学习后达到学业质量水平一的学业成就表现如下。

（1）能正确使用数据透射表工具进行数据分析。

（2）能根据给出的具体任务场景，正确选择数据图表。

（3）会正确使用数据分析方法。

（4）会设置图表的不同格式。

完成本任务学习后达到学业质量水平二的学业成就表现如下。

（1）能够主动思考数据分析应用场景和条件。

（2）能够通过图表或分析工具提炼数据价值，为表达提供支撑。

任务 4 初识大数据

◆ **知识、技能练习目标**

1．了解大数据的基础知识；

2．了解大数据采集的基本流程和方法；

3．了解大数据应用场景和发展趋势。

◆ **核心素养目标**

1．提高数字化学习能力；

2．发展大数据观念。

◆ **课程思政目标**

1．了解中国大数据发展情况，提升科技创新的认识；
2．培养数据安全意识。

一、学习重点和难点

1．学习重点
（1）大数据的定义和特征；
（2）大数据的应用场景；
（3）大数据的处理流程；
（4）数据安全。

2．学习难点
（1）理解大数据的处理流程；
（2）大数据的采集方法。

二、学习案例

 案例1：“隐形的爱”

小华上大学的姐姐最近遇到一件开心的事情，她发现自己的校园一卡通上多了200元钱，问了学校才知道，学校根据大数据分析，筛选出低于生活预警线的学生，根据实际情况制订不同的伙食补助方案，受助学生无须申请，由学校发放伙食补贴至受助学生一卡通，实现悄无声息的精准资助。相比之前需要进行申请、证明及公示等流程，现在的做法更暖心和高效。

精准资助就是资助对象精准、资助标准精准、资金发放精准。学校借助大数据资助家庭经济困难的学生，既不需要学生主动申请，也不需要再提供任何情况说明，甚至在收到补贴前学生都不知情。

小华在深入思考以下问题：
（1）大数据的应用还有哪些场景？
（2）如何避免个人隐私泄露？

案例 2：大数据分析方法

小华想了解大数据分析的基本方法，以便能够有效选择数据分析工具，得到更多的数据信息。

分析数据的技术方法有很多，大致可以归为六类。

（1）可视化分析技术。

可视化（Visualization）是利用计算机图形学和图像处理技术，将数据转换成图形或图像在屏幕上显示出来，并进行交互处理的理论、方法和技术。它涉及计算机图形学、图像处理、计算机视觉、计算机辅助设计等多个领域，是研究数据表示、数据处理、决策分析等一系列问题的综合技术。

（2）数据挖掘技术。

数据挖掘是根据数据创建数据挖掘模型，将集群、分割、孤立数据关联起来，找出数据内部的价值、类型模式和发展趋势等。与可视化相比，前者是给人看的，数据挖掘是给机器看的。实现该技术不仅涉及处理数据的量，也涉及处理数据的速度。

（3）预测性分析技术。

预测性分析技术是根据客观对象的已知信息，对事物在将来的某些特征、发展状况的一种估计、测算活动。它是运用各种定性和定量的分析理论与方法，对事物未来发展的趋势和水平进行判断和推测的一种活动。数据挖掘可以让数据分析人员更好地理解数据，而预测性分析可以让数据分析人员根据可视化分析和数据挖掘的结果做出一些预测性的判断。

（4）语义引擎技术。

语义引擎是能够从"文档"中智能提取信息的工具。由于非结构化数据的多样性，使数据分析不仅局限于数值数据，字符等类型的数据也需要使用专门工具进行提取、解析、分析，进而得出数据中包含的信息。

（5）数据质量和数据管理技术。

数据质量和数据管理技术是优化管理方法、提升数据质量的专门技术，通过标准化的数据管理流程和专门工具，可以保证给数据分析工具提供高质量的基础数据。

（6）数据存储、数据仓库技术。

数据仓库是为了多维分析和多角度展示数据，按特定模式进行存储所建立起来的关系型数据库。在智能数据系统中，数据仓库是系统的基础，数据仓库承担对业务系统数据整合的任务，能为数据系统提供抽取、转换和加载功能，允许按主题进行数据查询和访问，也能为联机数据分析和数据挖掘提供数据平台。

小华在深入思考以下问题：

（1）现在预测分析应用最好的领域有哪些？

（2）进行大数据分析主要存在哪些未解决的问题？

三、练习题

（一）选择题

1. 大数据起源于（　　）。
   A. 金融　　　　　　　　　　B. 电信
   C. 互联网　　　　　　　　　D. 人工智能

2. 大数据最显著的特征是（　　）。
   A. 规模大　　　　　　　　　B. 类型多样
   C. 处理速度快　　　　　　　D. 价值密度高

3. 现今最为突出的大数据环境为（　　）。
   A. 物联网　　　　　　　　　B. 云计算
   C. 互联网　　　　　　　　　D. 自然资源

4. 大数据处理流程的第一步一般是（　　）。
   A. 数据分析　　　　　　　　B. 数据清洗
   C. 数据挖掘　　　　　　　　D. 数据采集

5. 大数据中直观展示数据，让数据自己说话，一般使用（　　）。
   A. 数据分析　　　　　　　　B. 数据可视化
   C. 数据挖掘　　　　　　　　D. 数据采集

6. 大数据一般在下列哪些场景下应用（　　）。
   A. 智慧城市　　　　　　　　B. 智慧交通
   C. 智慧教育　　　　　　　　D. 以上都是

（二）填空题

1. 大数据的五大特征是_____、_____、_____、_____和_____等。

2. 大数据成为提升_____的关键因素。

3. 《中华人民共和国数据安全法》于_____年____月____日起施行。

4. 大数据处理的一般流程为_____、_____、_____、_____、_____。

5. 数据采集使用到的常见编程语言有_____、_____或_____。

6. 互联网数据采集指通过_____或网站公开 API 等方式从网络获取数据的过程。

7. 大数据处理过程中需要重点注重_____，保证用户隐私不受侵犯。

8. 大数据未来发展趋势有_____、_____、_____和_____等。

（三）简答题

1. 说说你见过的大数据应用有哪些，举几个案例。

2. 网络爬取数据是大数据处理的重要一步，说说网络数据采集的基本步骤。

3. 畅想一下，如果学校进行大数据应用，可以给学生带来什么改变？

4. 大数据中数据分析和处理的方法，可以借鉴到日常生活学习中吗？

5．如何理解大数据"速度快"的特征？

6．说说如果不能保证数据安全，会给大家带来什么影响？

（四）判断题

1．大数据的核心特征就是数据量大。 （　　）

2．大数据中价值密度低是指数据没有价值。 （　　）

3．Hadoop 是较早的大数据框架。 （　　）

4．大数据在公共服务平台发挥广泛应用，如智慧城市、智慧交通、智慧教育、智慧政务管理等。 （　　）

5．数据清洗也称为大数据预处理技术。 （　　）

6．数据可视化是指从大量数据中找出隐含的具有潜在价值的信息的过程。 （　　）

7．网络数据采集使用的语言常见的有 Java、Python 等。 （　　）

8．大数据技术先进，不会出现安全问题。 （　　）

9．大数据技术与云计算、人工智能的结合，将会产生更大的影响力。 （　　）

（五）操作题（写出操作要点，记录操作中遇到的问题和解决办法）

1．收集大数据技术的相关资料，说说大数据的发展过程。

2．尝试使用编程语言 Python 进行网络数据采集。

3．分析一款互联网 APP 中大数据应用的过程。

4．基于大数据理念，尝试记录个人每天时间安排。

5．将记录下的个人行为数据进行简单分析，查看每天玩手机游戏的时间和读书的时间。

6．根据数据分析结果，反思一下自己每天的时间安排，并做后续计划。

四、任务考核

完成本任务学习后达到学业质量水平一的学业成就表现如下。

（1）能清晰了解大数据基本概念。

（2）了解大数据作用及应用场景。

（3）了解大数据处理的基本流程。

完成本任务学习后达到学业质量水平二的学业成就表现如下。

（1）对大数据应用原理有清晰的了解。

（2）了解并掌握大数据采集与分析的相关知识和技术。

第 5 章　程序设计入门

　　本章共有 2 个任务，任务 1 帮助学生全面了解程序设计的相关概念和作用，学会将算法转化为流程图的方法。任务 2 帮助学生进一步了解程序设计语言的基础知识，掌握利用程序设计语言解决实际问题的方法。

任务 1　了解程序设计理念

◆　**知识、技能练习目标**

1．了解程序设计基础知识，理解运用程序设计解决问题的逻辑思维理念；
2．了解常见程序设计语言的种类和特点。

◆　**核心素养目标**

1．增强信息意识；
2．发展逻辑思维。

◆　**课程思政目标**

1．遵纪守法，热爱学习；
2．自觉践行社会主义核心价值观。

一、学习重点和难点

1．学习重点
（1）程序设计的基础知识；
（2）程序设计语言的特点；

（3）流程图的画法。

2．学习难点

（1）将实际问题转化为具有一定逻辑关系的程序问题；

（2）算法思维的建立。

二、学习案例

 案例 1：生活中的算法思维

人们日常生活中的很多做法都和计算思维不谋而合，可以说计算思维从生活中吸收了很多有用的思想和方法。小华搜集了一些这样的例子。

（1）算法过程。

菜谱可以说是算法（或程序）的典型代表，它将一道菜的烹饪方法一步步地罗列出来，即使不是专业厨师，照着菜谱的步骤也能做出可口的菜肴。这里，菜谱的每个步骤必须简单、可行。如"将土豆切成块状""将 50 克油入锅加热"等都是可行的步骤，而"使菜肴具有神秘香味"则不是可行的。

（2）模块化。

很多菜谱都有"勾芡"这个步骤，与其说是一个基本步骤，不如说是一个模块，因为勾芡本身代表着一个操作序列——取一些淀粉→加水→搅拌均匀→倒入菜中。由于这个操作序列经常被使用，为了避免重复，以及使菜谱结构清晰、易读，所以用"勾芡"这个术语简明地表示。这个例子同时也反映了在不同层次上进行抽象的思想。

（3）查找。

如果要在英汉词典中查一个英文单词，相信读者不会从第一页开始一页页地翻看，而会根据单词在字典中的排列顺序，快速地定位单词词条。老师说"请将本书翻到第 8 章"，学生会怎么做呢？是的，书前的目录可以帮助大家直接找到第 8 章的页码。这正是计算机中被广泛使用的索引技术。

（4）回溯。

人们在路上遗失物品后，会沿原路往回寻找。或者在一个岔路口，人们会选择一条路走下去，如果最后发现此路不通就会原路返回，到岔路口选择另一条路。这种回溯法对于系统地搜索问题空间是非常重要的。

（5）缓冲。

假如将学生用的教材视为数据，上课视为对数据的处理，那么学生的书包就可以视为缓冲存储。学生随身携带所有教材既重又不方便上课时查找，因此每天只能把当天要用的教材放入书包，第二天再换入新的教材。

（6）并发。

在做菜时，如果一道菜需要在锅中煮一段时间，厨师一定会利用这段时间去做点别的事情（例如，将另一道菜的材料洗净切好），而不会无所事事。在此期间如果锅里的菜需要加佐料，厨师可以放下手头的活去处理锅里的菜。就这样，虽然只有一个厨师，但他可以同时做几道菜。

小华在深入思考以下问题：

（1）生活中还有哪些算法思维的应用？

（2）同一件事情中可以同时包含多种算法思维吗？生活中有这样的案例吗？

 案例2：找最大值

有3个数a、b、c，如何利用程序设计的思想找出最大数呢？小华做了如下分析整理。

（1）设置一个容器max，这个容器中将放置最大数；

（2）假设a是最大数，将a的值放入max中；

（3）将b与max比较，如果max＜b，则将b放入max中，否则，max中的数不变；

（4）将c与max比较，如果max＜c，则将c放入max中，否则，max中的数不变；

（5）输出max中的数，即为3个数中的最大数。

小华在深入思考以下问题：

（1）如何找出3个数中的最小数呢？

（2）要将上述过程用流程图表示，如何绘制呢？

三、练习题

（一）选择题

1. 指令是给计算机下达的（　　）基本命令。

　　A. 一个　　　　B. 两个　　　　C. 多个　　　　D. 不确定个

2. 程序是为实现特定目标的（　　）编程指令序列的集合。

　　A. 一条　　　　　　　　　　B. 多条

　　C. 一条或多条　　　　　　　D. 无数条

3. （　　）就是将问题解决的方法步骤编写成计算机可执行的程序的过程。

　　A. 指令　　　　B. 算法　　　　C. 命令　　　　D. 程序设计

4. 二进制语言又称为（　　）。

　　A. 机器语言　　　　　　　　B. 汇编语言

　　C. 高级语言　　　　　　　　D. 自然语言

5.（　　）是程序执行的流程，是解决问题的步骤。

    A．指令　　　　　B．算法　　　　　C．命令　　　　　D．程序设计

6．在程序流程图中，用（　　）表示判断。

    A．圆角矩形　　　　　　　　B．菱形

    C．平行四边形　　　　　　　D．长方形

（二）填空题

1．通过_____可以给计算机下达一系列的_____，让它能按照用户的指挥进行相应的操作。

2．程序是解决某个问题所需的一系列_____。

3．运用程序设计解决问题的_____和_____是程序设计理念中最重要的部分，它是一种逻辑思维理念，不仅体现在程序设计中，也可以迁移运用到其他问题的解决中。

4．_____语言利用特定的助记符来帮助程序员记忆机器指令。

5．_____语言大大增强了程序代码的可读性和易维护性。

6．人们将运用信息技术解决问题的思想方法称为_____。

7．_____是软件的核心。

8．程序的基本结构包括_____、_____和_____。

（三）简答题

1．什么是程序设计？说说你对程序设计的理解。

2．什么是程序设计语言？程序设计语言如何分类？

3．说说你对指令的理解。

4．为什么要使用高级语言？列出常见的高级语言，并说说它们的主要特点。

5．什么是计算思维？说说你对计算思维的理解。

6．什么是流程图？其作用是什么？

7．什么是算法？算法有哪些主要特征？

::

::

::

::

（四）判断题

1．程序设计语言是程序设计的基础。　　　　　　　　　　　　　（　　）

2．设计的算法一定包含输入部分。　　　　　　　　　　　　　　（　　）

3．算法只能按顺序执行。　　　　　　　　　　　　　　　　　　（　　）

4．指令是给计算机下达的一个基本命令。　　　　　　　　　　　（　　）

5．程序设计语言只需让计算机理解，人类可以不理解。　　　　　（　　）

6．机器语言是一种低级语言。　　　　　　　　　　　　　　　　（　　）

7．高级语言增强了程序代码的可读性和可维护性。　　　　　　　（　　）

8．Python 语言是一种面向过程的解释型编程语言。　　　　　　 （　　）

9．计算机编程的核心是编写代码。　　　　　　　　　　　　　　（　　）

10．算法可以无限执行下去。　　　　　　　　　　　　　　　　（　　）

（五）操作题（写出操作要点，记录操作中遇到的问题和解决办法）

1．小华和你玩猜数游戏，他心中想好一个 1～100 的自然数让你来猜，猜错的话他会告诉你太大或太小，直至你猜中。为了尽快猜中，你有什么好方法？

2．收集计算机程序设计语言资料，总结程序设计语言的主要发展历程。

3．你会下棋（围棋、象棋、五子棋均可）吗？下棋时你是如何一次计算多步呢？

4．有四个整数 2、5、7、9，将这四个整数两两组合成一个两位数，有多少种组合方式？请将问题进行分解，画出分解图。

5．期末考试结束了，老师希望对全班考试成绩进行等级划分。90 分（含）以上为"优秀"，70 分（含）至 90 分为"良好"，60 分（含）至 70 分为"及格"，60 分以下为"不及格"。请分析上述划分成绩等级的规则，用流程图表示出来。

6．小华每天晚上都要整理书包。他的做法是：首先看课程表，查找今明两天是否有重复的课，如果没有，就取出今天所有的书，放入明天上课的书；如果有重复的课，则保留重复课的书，取出明天不上课的书，再放入剩余明天上课的书。请分析小华整理书包的过程，将该过程进行分解，并用流程图表示出来。

四、任务考核

完成本任务学习后达到学业质量水平一的学业成就表现如下。

（1）理解程序设计的作用。

（2）了解常见的程序设计语言。

（3）理解程序与指令的关系。

完成本任务学习后达到学业质量水平二的学业成就表现如下。

（1）能将抽象问题转化为计算机能处理的问题。

（2）会将算法用流程图表示。

任务 2　设计简单程序

◆　**知识、技能练习目标**

1．了解 Python 语言的特点；
2．掌握 Python 开发环境 IDLE 的使用方法；
3．掌握 Python 语言的基本语法。

◆　**核心素养目标**

1．提高数字化学习能力；
2．强化信息社会责任。

◆　**课程思政目标**

1．自信自强，守正创新；
2．强化科技意识，培养工匠精神。

一、学习重点和难点

1．学习重点
（1）Python 语言的基础语法；
（2）函数的基本概念及应用；
（3）对象的基本概念及应用；
（4）模块的基本概念及应用。
2．学习难点
（1）程序的调试；
（2）算法及数据结构。

二、学习案例

案例 1：算法

　　小华知道解决不同问题需要不同算法，同一问题，也可以有多种解决问题的算法，全面了解算法会对解决实际问题有很大帮助，所以他决定花点时间学习相关知识。

（1）算法。

一个程序应包括对数据的表示（数据结构）和对操作的描述（算法）两个方面的内容，所以，著名计算机科学家沃思提出了"数据结构＋算法＝程序"的概念。

算法（algorithm）是求解问题的一系列计算步骤，用来将输入数据转换成输出结果。如果一个算法对其每一个输入实例都能输出正确的结果并停止，则称它是正确的。一个正确的算法能解决给定问题，不正确的算法对于某些输入可能根本不会停止，或停止时给出的不是预期结果。

同一问题可能有多种求解算法，如求 $1+2+3+\cdots+100$，可以先进行 $1+2$，再加 3，再加 4，一直加到 100；也可以 $100+(1+99)+(2+98)+\cdots+(49+51)+50=100+49\times100+50=5050$。算法的优劣可通过时间复杂度和空间复杂度分析判定。

（2）算法设计目标。

算法应满足以下几个目标：

正确性：算法设计最重要、最基本的标准是算法能够正确地执行预先规定的功能和性能要求。

可使用性：也称用户友好性，要求算法能够很方便地使用。

可读性：算法应该易于理解，算法的逻辑关系必须清晰、简单和结构化。

健壮性：要求算法具有很好的容错性，即提供异常处理，能够对不合理的数据进行检查，不经常出现异常中断或死机现象。

高效率和低存储量：算法的效率主要指算法的执行时间，对于同一个问题如果有多种算法可以求解，执行时间短的算法效率高。算法存储量是指算法执行过程中所需的最大存储空间。

（3）算法设计步骤。

算法设计是一个灵活的过程，大致包括以下几个基本步骤。

分析求解问题：确定求解问题的目标（功能）、给定的条件（输入）和生成的结果（输出）。

选择数据结构和算法设计策略：设计数据对象的存储结构，是因为算法的效率取决于数据对象的存储表示。算法设计有通用策略，如迭代法、分治法、动态规划和回溯法等，可针对求解问题选择合适的算法设计策略。

描述算法：在构思和设计好一个算法后，必须清楚、准确地将求解步骤记录下来。

证明算法的正确性：算法的正确性证明与数学证明有类似之处，可采用数学证明方法，用纯数学方法证明算法的正确性不仅费时，对大型软件开发也不适用。为所有算法给出完全的数学证明也不现实，因此，选择已知正确的算法可减少出错机会。

算法分析：存在多种求解算法时，可通过算法分析找到好的算法，一般来说，一个好的算法应该比同类算法的时间效率和空间效率高。

小华在深入思考以下问题：

（1）机器人控制主要解决哪些问题？

（2）类人机器人控制的难点在哪里？有解决的可能性吗？

 案例 2：两数交换

有两个变量 a 和 b，如何交换这两个变量中的值呢？小华做了如下分析整理。

（1）设置一个中间变量 temp，这个变量中将临时存放数据；

（2）将变量 a 中数据放入变量 temp 中；

（3）将变量 b 中的数据放入变量 a 中；

（4）将变量 temp 中的值放入变量 b 中。

小华在深入思考以下问题：

（1）如何使用 Python 语言实现上述交换的过程呢？

（2）如果不设置中间变量 temp，如何交换变量 a 和 b 中的值呢？

三、练习题

（一）选择题

1. 在 Python 中，a = 3 的含义是（　　）。

    A．把 a 的值赋给 3　　　　　　　　B．把 3 赋给 a

    C．a 和 3 相等　　　　　　　　　　D．交换 a 和 3

2. 下列变量名正确的是（　　）。

    A．1ab　　　　B．if　　　　C．max_1　　　D．a b

3. Print(24 + 10)输出结果是（　　）。

    A．34　　　　　B．2410　　　　C．24　　　　D．10

4. 下列运算判断结果为 True 的是（　　）。

    A．3 + 5 > 8　　　　　　　　　　B．20.4 == 20

    C．9 == '6' + '3'　　　　　　　　D．6 < 4 and 5 == 5

5. 下列选项不是 Python 的关键字的是（　　）。

    A．ok　　　　　B．while　　　　C．if　　　　D．and

6. 下列程序的运行次数是（　　）。

```
for i in range(50):
        print(i)
```

    A．5 次　　　　B．10 次　　　　C．49 次　　　　D．50 次

7. 下列程序的输出结果是（　　）。

```
a = 1
while a < 10:
    print(a)
        a += 2
```

A. 1 2 3 4 5
B. 1 3 5 7 9
C. 5 6 7 8 9
D. 2 4 6 8 10

8. 下列程序的输出结果是（　　）。

```
def add(x,y):
    sum = x + y
    return sum


a = 10
b = 20
sum = add(a,b)
print(sum)
```

A. 10
B. 20
C. 30
D. 40

9. 下列程序的输出结果是（　　）。

```
s = [1,2,3,4,5,6,7,8,9]
sum = 0
for i in s:
    if i % 2 == 0:
        sum += i
print(sum)
```

A. 20
B. 30
C. 40
D. 50

（二）填空题

1. Python 程序文件的扩展名是_____。

2. Python 程序代码每行语句开头的_____和_____是缩进的。

3. Python 语言常见的数据类型有_____、_____、_____和_____。

4. Python 语言常见的表达式有_____和_____。

5. _____是将一系列复杂的操作或连续的指令打包，"封装"成一条指令。

6. 模块的种类有_____、_____和_____。

7. _____循环需要对序列进行遍历，_____循环可以对任何条件进行判断。

8. "面向对象"和"面向过程"本质都是解决问题的一种思想方法，相比之下，_____关注解决问题的一系列步骤；_____则是一种以事物为中心的思维方式。

（三）简答题

1. Python 语言中的缩进有什么作用？其规则是什么？

2. 什么是数据类型？Python 语言中不同数据类型之间是如何转化的？

3. 什么是组合数据类型？在 Python 语言的组合数据类型中哪些数据是可以编辑的？

4. Python 中有哪些表达式，它们的运算符号有哪些？

5．说一说变量的命名规则。

6．简要描述程序设计中赋值的过程。

7．什么是函数？函数的作用是什么？

（四）判断题

1．字符串'8.5'可以通过 float 转化为浮点数 8.5。　　　　　　　　　　　（　　　）

2．While 是 Python 的关键字。　　　　　　　　　　　　　　　　　　（　　　）

3．Python 程序中表示同一个语句块使用"{}"。　　　　　　　　　　　（　　　）

4．Python 中变量名使用大小写表示的两个变量为同一个变量。　　　　（　　　）

5．Python 中 input 函数返回的值都是字符串。　　　　　　　　　　　（　　　）

6．Python 代码 max==50 表示将 50 赋给变量 max。　　　　　　　　（　　　）

7．使用函数或模块之前需要先导入函数或模块。　　　　　　　　　　（　　　）

8．要使用第三方功能库，必须先下载安装。　　　　　　　　　　　　（　　　）

9．任何数据序列都可以使用二分法查找。　　　　　　　　　　　　　（　　　）

10．枚举算法适用于研究对象可数且有范围。 （　　）

（五）操作题（写出操作要点，记录操作中遇到的问题和解决办法）

1．将算式 $5 \times 6 + (12 / 3)$ 计算出来，并将值赋给变量 a。

2．编写一个函数，实现加法运算。函数接收两个加数作为参数。

3．编写程序计算 $1 + 2 + 3 + 4 + \cdots + 100$ 的值。

4．编写程序，输入一个整数，判断该数是奇数还是偶数。

5．编写程序，输入年份，输出该年是否为闰年。提示：如果年份能被 4 整除，并且当它能被 100 整除时也能被 400 整除，则该年是闰年。

6．编写程序，输入 n，输出 11＋22＋33＋ … ＋nn。

四、任务考核

完成本任务学习后达到学业质量水平一的学业成就表现如下。

（1）能够说出数据类型的概念和常用数据类型。

（2）能够说出函数及模块的作用。

（3）会编制简单程序。

完成本任务学习后达到学业质量水平二的学业成就表现如下。

（1）了解典型算法。

（2）会用 Python 程序解决简单的实际问题。

第6章 数字媒体技术应用

本章共有 4 个任务，任务 1 通过获取数字媒体素材的练习，帮助学生全面了解数字媒体技术及其应用范围，了解数字媒体文件的格式，学会如何获取常见的数字媒体素材，掌握数字媒体格式的转换方法。任务 2 通过加工数字媒体的练习，帮助学生掌握加工简单数字媒体的能力。任务 3 通过制作简单数字媒体作品，帮助学生了解数字媒体作品设计的基本规范，掌握制作电子相册和制作宣传片的方法。任务 4 通过体验虚拟现实技术和增强现实技术，帮助学生全面了解虚拟现实技术和增强现实技术。

任务 1　获取数字媒体素材

◆ 知识、技能练习目标

1. 了解数字媒体技术的相关概念、特点及应用现状；
2. 了解数字媒体文件的各种格式和特点；
3. 掌握获取数字媒体素材的常用方法；
4. 学会使用软件进行数字媒体格式转换。

◆ 核心素养目标

1. 增强信息意识；
2. 提高数字化学习与创新能力。

◆ 课程思政目标

1. 遵纪守法，增强知识产权的保护意识；
2. 强化科技意识，培养工匠精神。

一、学习重点和难点

1. 学习重点
（1）数字媒体技术的概念；
（2）数字媒体技术的应用；
（3）数字媒体文件的格式类型。
2. 学习难点
（1）获取数字媒体素材；
（2）不同类型数字媒体格式的转换。

二、学习案例

案例1：数字媒体素材

小华知道数字媒体技术是一项应用广泛的综合技术，但不了解数字媒体技术的发展前景，所以他决定深入查找资料寻找答案。

在未来的数字媒体技术环境下，各种媒体并存，视觉、听觉、触觉、味觉和嗅觉媒体信息的综合与合成，就不能仅仅用"视听"表达媒体这个概念。媒体形式之间配合给人带来全方位的体验，各种形式的媒体都是新媒体类型表达信息的方式。数字媒体交互技术的发展，使数字媒体技术在模式识别、全息图像、自然语言理解和新的传感技术等基础上，利用人的多种感官和动作通道，通过数据传输和虚拟合成（如感知人的面部特征，合成面部动作和表情。）实现更逼真的虚拟现实互动情景。数字媒体技术的未来让人期待，将在人们生活中起到更强大的作用。

小华在深入思考以下问题：

（1）数字媒体技术影响深远，我国对数字媒体技术的扶持政策有哪些？
（2）人工智能技术对未来数字媒体的影响有哪些方面？

案例2：数字媒体资源共享平台

小华最近完成了《毕业生纪念册》的动画制作。随着网络技术的普及和发展，各种媒体内容越来越丰富，各个媒体平台上都有大量的视频素材。他萌生了将自己制作的视频存放在媒体资源共享平台的想法，于是，他深入研究了现有视频共享平台的特点。

小华在了解数字媒体资源共享平台后，萌生出以下困惑：

（1）数字媒体资源共享平台的功能模块有哪些？

（2）数字媒体资源共享平台在版权保护方面还可以做哪些工作？

三、练习题

（一）选择题

1. 数字媒体是以二进制数的形式（　　）过程的信息载体。

　　A. 记录、处理、传播、获取　　　B. 采集、分类、传播、存储

　　C. 存储、交换、传输、处理　　　D. 记录、交换、传播、获取

2. 数字媒体技术的主要研究领域包括（　　）。

　　A. 加工技术、存储技术和再现技术

　　B. 核心关键技术、关联支持技术和扩展应用技术

　　C. 操作技术、传输技术和压缩技术

　　D. 计算机图形技术、虚拟现实技术和计算机动画技术

3. 数字媒体技术的特点有数字化、多样性、集成性、交互性、实时性、趣味性、（　　）。

　　A. 艺术性、主动性和交叉性　　　B. 故事性、艺术性和主动性

　　C. 现代性、艺术性和交叉性　　　D. 扩展性、交叉性和主动性

4. 数据压缩编码的方法按信息量有无损失可分为（　　）。

　　A. 可逆编码和不可逆编码　　　B. 变换编码和分析-合成编码

　　C. 统计编码和变换编码　　　　D. 定长码和变长码

5. Word 2007 及之后版本的 Word 文档格式是（　　）。

　　A. TXT　　　　　　　　　　　B. RTF

　　C. DOC 和 DOCX　　　　　　　D. WPS

6. 常见的图形图像格式包括（　　）。

　　A. BMP、JPEG 和 PNG　　　　B. TXT、DOC 和 WPS

　　C. PDF、MP3 和 MIDI　　　　　D. AVI、MP4 和 WAV

7. 下列属于数字视频格式的是（　　）。

　　A. GIF　　　　B. JPEG　　　　C. DOC　　　　D. AVI

8. 计算机键盘上屏幕截图的快捷键是（　　）。

　　A. F4　　　　B. Print Screen　　C. F1　　　　D. ENTER

9. 图片格式中位图的格式有（　　）。

　　A. CDR　　　　B. SWF　　　　C. BMP　　　　D. WMF

10．关于获取数字媒体素材，下列做法不正确的是（　　　）。

　　A．数字媒体素材可通过网络下载、视频截取

　　B．数字媒体素材既可从资源库中获取，也可自行原创

　　C．网络下载的数字媒体素材可进行随意传播和商业使用

　　D．格式工厂软件可以提取音频作为数字媒体素材

（二）填空题

1．媒体的含义包括_____、_____和_____3个方面。

2．数字媒体主要技术有_____。

3．随着网络技术发展，目前主要利用_____技术，实现边下载、边播放。

4．为了保证海量媒体数据能够及时有效地存储，基于分布式的存储和文件存储虚拟化的_____正在数字媒体行业逐步推广。

5．常见的数字动画文件格式有_____、_____、_____和MAX。

6．_____和_____是制作数字媒体作品的重要基础。

7．视频格式转换其实就是编码方式的转换，因此也称为_____。

8．文字格式转音频格式采用的技术大多数是_____（缩写）。

（三）简答题

1．什么是数字媒体技术？

2．举例说明数字媒体技术的应用现状。

3．简述数据压缩编码方法的分类及技术特点。

4．获取数字媒体素材的常用方法有哪些？

5．从网上获取数字媒体素材要注意哪些问题？

6．结合你经常浏览的一个媒体平台，说说这个平台上的数字媒体素材有哪些格式？

（四）判断题

1．媒体信息的数据量虽然非常庞大，但随着硬件技术的发展，目前不需要进行压缩编码处理。 （　　）

2．数字媒体技术是单一学科。 （　　）

3．VR 技术不属于数字媒体技术。 （　　）

4．BMP 格式的图像文件占用的磁盘空间较小。 （　　）

5．数字媒体文件的格式转换分为同类型间的格式转换和不同类型间的格式转换。

（　　）

（五）操作题（写出操作要点，记录操作中遇到的问题和解决办法）

1．上网收集制作校园风景多媒体作品需要的图片、视频等素材。

2．选择适合的音频编辑软件从一段视频中提取语音。

3．下载"格式工厂"软件，将一个 AVI 格式的文件转换为 MP3 格式。

4．使用"录屏"软件制作文件格式转换的操作视频。

5．试用"科大讯飞"、"捷通华声"和"IBM"三大中文语音转换系统，说说它们的功能差异。

四、任务考核

完成本任务学习后达到学业质量水平一的学业成就表现如下。

（1）能清晰说明数字媒体技术的概念。

（2）能清晰说明数字媒体技术的研究领域。

（3）能清晰说明数字媒体技术的特点。

（4）掌握获取常见数字媒体素材的方法。

完成本任务学习后达到学业质量水平二的学业成就表现如下。

（1）能举例说明数字媒体技术在自己所学专业领域的具体应用。

（2）能使用软件转换不同数字媒体的格式。

任务 2　加工数字媒体

◆　**知识、技能练习目标**

1．会使用不同软件编辑图像、音频及视频素材；

2．能制作简单动画。

◆　**核心素养目标**

1．增强信息意识；

2．提高信息处理能力；

3．提高数字化学习能力。

◆　**课程思政目标**

1．爱岗、敬业、专注、创新的职业精神；

2．弘扬工匠精神。

一、学习重点和难点

1．学习重点

（1）编辑图像素材；

（2）编辑音视频素材；

（3）使用 Flash 软件制作简单动画。

2．学习难点

（1）音频素材的合并和提取；

（2）视频素材配音；

（3）Flash 软件的遮罩层操作。

二、学习案例

案例 1：编辑图像素材——抠图

小华最近在做《毕业生纪念册》，他发现在处理人物图像时经常要抠图，美图秀秀中的抠图功能非常方便，可实现对图像素材进行快捷抠图和更换背景的操作。美图秀秀有手机 APP 版和 PC 版，两者均能对图像素材进行编辑和美化，功能非常强大。

利用 APP 版美图秀秀抠图的操作步骤如下。

（1）在移动设备上打开美图秀秀进入主界面；

（2）在工具命令中找到图片美化的"抠图"命令，打开"抠图"界面，如图 6-1 所示；

（3）从移动设备中选择需要编辑的图像素材；

（4）系统会自动检测人像并处于选中状态。如需更换抠图对象，可手动重新选择。

（5）对抠出的对象范围进行微调，如图 6-2 所示；

（6）完成抠图后，导入背景图更换背景或使用系统自带的背景，如图 6-3 所示；

（7）单击界面右上角的"保存"按钮，将编辑的图片进行保存。

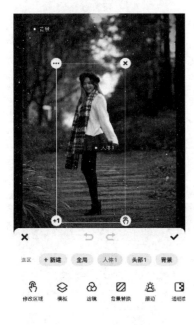

图 6-1 "抠图"界面　　　图 6-2 微调抠图对象　　　图 6-3 更换背景

小华在深入思考以下问题：

（1）美图秀秀还有哪些实用的功能？

（2）美图秀秀是否能实现对视频的编辑？

 案例 2：Flash 软件转换图像格式

小华知道矢量图容量小，放大不会失真，在制作动画时经常需要将位图转换成矢量图。他发现 Flash 软件可以直接把位图转换为矢量图，从而解决图像素材失真和容量过大的问题。

操作步骤如下。

（1）按"Ctrl+R"组合键导入需转换的位图。

（2）选菜单：修改→位图→转换位图为矢量图。在弹出的对话框中，将"Color"和"Minimum Area"的值设置得尽可能小。

（3）对于节点复杂的矢量图，可以按"Ctrl+Alt+Shift+C"组合键进行优化，并大幅降低图片容量。

设置完成后，即可完成将位图到矢量图的转换。

小华在深入思考以下问题：

（1）还有哪些软件可以将位图转换为矢量图？

（2）Flash 软件能否将矢量图转换成位图？

三、练习题

（一）选择题

1. 下列属于音频编辑软件的是（　　）。

    A．Adobe Audition　　　　　　　　B．美图秀秀

    C．Photoshop　　　　　　　　　　D．Flash

2. 迅捷音频转换器不仅支持音频的格式转换，还支持（　　）等操作。

    A．视频剪切　　　　　　　　　　B．音频提取、剪切

    C．图片编辑　　　　　　　　　　D．动画制作

3. 常用的视频编辑软件有 Adobe After Effects、Adobe Premiere、狸窝超级全能视频转换器和（　　）。

    A．会声会影　　　　　　　　　　B．Microsoft Office

    C．美图秀秀　　　　　　　　　　D．Sonar

4．根据制作工艺和制作风格不同，计算机动画可分为（　　）两大类。

    A．计算机图片和计算机文字

    B．计算机二维动画和计算机三维动画

    C．计算机网页和计算机编程语言

    D．计算机音频和计算机视频

5．下列不属于常用计算机动画制作软件的是（　　）。

    A．Flash   B．After Effects

    C．3ds MAX   D．Photoshop

6．对于同一个视频片段，下列 4 种文件格式占用空间最小的是（　　）。

    A．MPG   B．MP4

    C．FLV   D．AVI

7．下列关于计算机动画的描述正确的是（　　）。

    A．二维动画与三维动画的制作方式相同

    B．Flash 动画以帧为基础单位

    C．Ulead Cool 3D 可以制作三维动画

    D．Flash 的补间动画分为形状补间和自动补间

8．下列选项中，不能转换为 Flash 元件的是（　　）。

    A．在 Flash 中绘制的图形   B．导入到 Flash 中的风景图片

    C．导入的音频片段   D．在 Flash 中输入的文字

9．Flash 发布出来的文件，其类型不可能是（　　）。

    A．GIF   B．EXE

    C．HTML   D．BMP

10．打印机工作的动作原理的最佳表达形式为（　　）。

    A．文本描述   B．手绘画面

    C．三维动画   D．Flash 动画

（二）填空题

1．音频剪切操作分为_____、_____和_____。

2．音频编辑软件可分为_____和_____两大类。

3．在 Flash 中想保留却不需要显示的图层，可以使用_____操作。

4．在 Flash 中，消除帧的快捷键是_____。

5．声道分为_____和立体声/双声道。

6．Flash 软件以_____和_____为核心。

7．在 Flash 中完成一个动画的制作后，想要预览动画效果，其快捷键是_____。

（三）简答题

1. 图像的基本属性包含哪些？

2. 美图秀秀主要有哪些功能？

3. 数字视频编辑包括哪两个层面的操作含义？

4. 简述剪切音频和提取音频的区别。

5．举例说明二维动画和三维动画的区别？

6．简述用 Flash 软件制作的动画有哪些特点？

7．简述在 Flash 软件中，将舞台上的对象转换为元件的操作步骤。

8．小华在制作青蛙跳跃的路径动画时，怎么实现青蛙和路径都在移动？

（四）判断题

1．数字视频编辑素材可以是无伴音的动画 FLC 或 FLI 格式文件。 （   ）

2．数字图像素材编辑时可以随意修改他人照片用于商业用途。 （   ）

3．用 Flash 软件制作的动画保存为原文件格式是 SWF 格式。 （   ）

4．视频分割不可能实现一次性平均分割。 （   ）

5．在 Flash 中，每一个元件都有自己独立的时间轴、舞台及图层。 （   ）

6．用 Flash 制作的动画，只能导出 SWF 格式的文件。 （   ）

7．制作二维动画只能使用 Flash 软件。 （   ）

（五）操作题（写出操作要点，记录操作中遇到的问题和解决办法）

1．小华想从电影《我和我的祖国》中提取片头音乐，如何操作？

2．利用"迅捷音频转换器"将两个音频文件合并成一个音频文件。

3．收集相关数字媒体素材，完成《光盘行动》电子相册的制作。

4．用 Flash 软件制作一段月牙变成满月的动画。

5．小组协作：收集班级体育周的相关素材，用视频编辑软件对素材进行加工，完成体育剪影作品，并说明协作的重要性。

四、任务考核

完成本任务学习后达到学业质量水平一的学业成就表现如下。

（1）会使用软件编辑图像素材。

（2）会使用至少一种音视频素材编辑软件。

（3）能熟练处理视频素材的分割、配乐及字幕制作。

（4）能用 Flash 软件制作简单动画。

完成本任务学习后达到学业质量水平二的学业成就表现如下。

（1）能够对比不同软件，选择根据实际需求适合的数字媒体编辑软件。

（2）能够制作一个完整的动画作品。

任务 3　制作简单数字媒体作品

◆ **知识、技能练习目标**

1. 了解数字媒体作品设计的基本规范；

2. 熟练操作"会声会影"软件，能使用该软件制作电子相册和短视频。

◆ **核心素养目标**

1. 增强信息意识；

2. 提高数字化创新能力。

◆ **课程思政目标**

1. 遵纪守法、团队合作；

2. 自觉践行社会主义核心价值观。

一、学习重点和难点

1. 学习重点

（1）数字媒体作品设计的基本规范；

（2）数字媒体编辑软件的应用。

2. 学习难点

（1）数字媒体作品设计构思；

（2）使用"会声会影"软件制作并编辑视频。

二、学习案例

 案例 1：制作《我们只有一个地球》公益宣传片

放眼全球，生态环境保护工作还远远不到位，植被大面积遭到破坏，加上各种污染，导致全球变暖、水土流失等大量的环境问题。地球——我们赖以生存的家园已经不堪重负。地球只有一个，它的资源并不是取之不尽、用之不竭的，人类必须意识到问题的严重性，一起珍惜资源，保卫地球。因此，对于保护环境，每一个人都有责任。

每年的 4 月 22 日是"世界地球日"，在这个特别的日子，小华决定制作《我们只有一个地球》的公益宣传片，向全人类呼吁保护家园、爱护地球。

小华需要深入思考以下问题：

（1）哪些方面作为切入点宣传，如何收集素材？

（2）如何添加和编辑字幕？

 案例 2：多媒体编辑软件——剪映

小华在实际应用中发现，国外的一些非线性编辑软件功能强大，但是应用复杂，不易上手，对计算机硬件要求较高。通过网上查询，他发现国内的一些编辑软件在性能和使用方面并不比国外的产品差，它找到了一款简单好用，并且功能强大的编辑软件——剪映。

剪映专业版是一款全能易用的桌面端剪辑软件，拥有强大的素材库，支持多视频轨、音频轨编辑，用 AI 为创作赋能，满足多种专业剪辑场景，成为自媒体从业者、视频编辑爱好者和专业人士必不可少的视频编辑工具。

剪映专业版功能特点：

（1）简单易用的界面：即便是无经验的视频剪辑新手，也可轻松上手，创作个性化故事视频。

（2）专业功能，让创作事半功倍：智能功能，让 AI 为用户的创作赋能，把繁复的操作交给 AI，节约的时间留给创作。

（3）语音识别：支持语音、音乐歌词智能识别，一键添加字幕。

（4）智能踩点：支持一键智能踩点，让视频节奏感更强，配乐操作更高效。

（5）高阶功能：覆盖剪辑全场景，满足用户的各类剪辑需求。

（6）多轨剪辑：支持多视频轨、音频轨编辑，支持多种媒体文件格式，轻松处理复杂编辑项目。

（7）曲线变速：专业变速效果一键添加。

剪映支持的文件格式包括：

视频封装：MOV、MP4、M4V、AVI、FLV、MKV、RMVB

编码格式：H.264/MPEG-4 AVC、H.265（HEVC）、Apple ProRes 422/4444

色彩：支持 Rec.709/BT.709，目前 HDR 会被转为 SDR 显示

图片：JPEG、PNG

音频：MP3、M4A、WMA、WAV

小华在深入思考以下问题：

（1）剪映和其他多媒体视频编辑软件相比有哪些优势？

（2）如何为视频自动添加字幕？

三、练习题

（一）选择题

1. 下列选项中，（　　）不属于设计数字媒体作品应遵循的规范。

    A．选题准确、策划到位

    B．互动有序、体验良好

    C．色彩搭配合理，具有较高观赏性

    D．视觉良好、体验效果佳

2. 数字媒体作品对（　　）有更多要求。

    A．内容　　　　　　　　B．是否具有创意

    C．观感　　　　　　　　D．题材

3. 下列选项中，（　　）不属于会声会影软件工作界面的组成部分。

    A．工具栏　　　　　　　B．布局

    C．预览　　　　　　　　D．媒体素材

4. 下列选项中，（　　）不是会声会影软件支持的视频格式。

    A．MP3　　　　　　　　B．AVI

    C．DVD　　　　　　　　D．FLV

5. "会声会影"中绘图创建器所创建的动画文件的扩展名是（　　　）。

    A．.excel　　　　　　　B．.doc

    C．.uvp　　　　　　　　D．.txt

6. 使用会声会影软件将几段视频素材合并成为一个视频作品，主要有以下4个操作步骤，正确的顺序是（　　）。

① 选择"新建项目"，完成项目新建；

② 单击"加载媒体"按钮，将视频素材导入素材库中，并将视频素材分别拖到视频轨中；

③ 启动会声会影软件；

④ 选择"完成"菜单中的"创建视频文件"选项，将文件保存为MPEG格式。

  A．③②①④　　　　　　　　B．②①③④

  C．②①④③　　　　　　　　D．③①②④

7. 在"会声会影"中，最多可以添加（　　）个覆叠轨。

  A．3　　　　B．8　　　　C．6　　　　D．9

8. 在"会声会影"中，转场的默认区间是（　　）。

  A．3秒　　　　B．1秒　　　　C．2秒　　　　D．5秒

9. 在"会声会影"中，区间的大小顺序是（　　）。

  A．时分秒帧　　　　　　　　B．帧时分秒

  C．时分帧秒　　　　　　　　D．时帧分秒

10. 下列描述错误的是（　　）。

  A．视频素材只能放到视频轨上

  B．色彩也属于一种素材

  C．不可以在同一个素材上使用多个滤镜特效

  D．声音轨不可以放置一段音乐

（二）填空题

1. 数字媒体作品的设计思路保持_____和_____。

2. 在"会声会影"中，时间轴上有_____种轨道。

3. 在"会声会影"中，图像和色彩素材的默认区间是_____秒。

4. 剪映最高支持_____分辨率视频输出。

5. 在"会声会影"中，转场的区间取值范围是_____秒。

6. 传统媒体作品缺乏数字媒体作品所拥有的_____、_____等特点。

7. 在"会声会影"中，撤销和重复最多可以执行_____步。

8. 在"会声会影"中，最多可以添加_____个标题轨。

9. 在"会声会影"中，_____可以删除对比度素材较高的背景。

10. 利用数字媒体技术制作的作品是对_____、_____、_____等信息综合处理，将分散单一的信息组合成相互关联、具备一定观赏性的艺术作品。

（三）简答题

1．设计数字媒体作品应遵循哪些规范？

2．广义捕获素材的含义是什么？

3．导入和添加素材的含义分别是什么？

4．非线性编辑系统的应用领域有哪些？

5．项目文件是一个什么样的文件？

6．区间与时间码的区别是什么？

7．在视频编辑时，如何激活并预览项目文件？

8．在时间轴视图上，如何启用连续编辑功能？

9. 如何打开会声会影软件自带的 PAL 格式的项目文件？如何将此项目文件另存到指定文件夹中？

（四）判断题

1. 在"会声会影"中，视频素材可以在覆叠轨和视频轨上使用。 （ ）

2. 在"会声会影"中，不能录音。 （ ）

3. 在"会声会影"中，声音轨上可以放置一段音乐。 （ ）

4. 在"会声会影"中，可以导入视频、图片和音乐。 （ ）

5. 在"会声会影"中，色彩素材不可以在覆叠轨上使用。 （ ）

6. 在"会声会影"中，不可以在同一个素材上使用多个滤镜特效。 （ ）

7. 缩略视图是会声会影时间轴视图模式。 （ ）

8. 在"会声会影"中，可以导入新的转场效果。 （ ）

9. 在"会声会影"中，图片素材只能在视频轨上使用。 （ ）

（五）操作题（写出操作要点，记录操作中遇到的问题和解决办法）

1. 收集同学们积极参与校园活动的相关素材，制作《校园多彩生活》电子相册。

2．新建"会声会影"项目文件，在素材库中添加文件夹，并导入图像、音频和视频。

3．使用会声会影软件制作"四季变换"视频，实现以不同转场依次展示若干幅四季风景图像的效果，并添加标题和音乐。

4．小组协作，使用会声会影软件制作"视频和图像混合播放"视频。

四、任务考核

完成本任务学习后达到学业质量水平一的学业成就表现如下。

（1）能清晰说明数字媒体作品设计的基本规范。

（2）能熟练使用会声会影软件。

（3）掌握使用会声会影软件制作宣传片的方法。

完成任务学习后达到学业质量水平二的学业成就表现如下。

（1）能够举例说明可以使用哪些软件制作数字媒体作品。

（2）能根据不同需求制作水平较高的数字媒体作品。

任务 4　初识虚拟现实与增强现实技术

◆　知识、技能练习目标

1. 了解虚拟现实与增强现实技术；

2. 能利用 VR 眼镜体验虚拟现实技术的应用效果。

◆　核心素养目标

1. 增强信息意识；

2. 提高数字化学习与创新能力；

3. 强化信息社会责任。

◆　课程思政目标

1. 了解我国数字技术的发展现状，增强民族自豪感；

2. 培养理想信念坚定、专业素质过硬的人才。

一、学习重点和难点

1. 学习重点

（1）虚拟现实技术的概念、特点和应用；

（2）增强现实技术的概念和应用现状。

2. 学习难点

（1）虚拟现实技术设备的使用；

（2）制作 AR 视频。

二、学习案例

案例 1：720° 全景

全景也称为全景摄影或虚拟实景，是基于静态图像的虚拟现实技术，是将相机 360° 拍摄的一组照片拼接成一个全景图像。全景实际上只是一种将周围景象以某种几何关系进行映射生成的平面图片，只有通过全景播放器的矫正处理才能成为三维全景。

720° 全景是 360° 全景的进一步发展，相比 360° 全景，它具有两个优势。一是它能全方位地展示双 360° 球型范围内的所有景象，更具真实感；二是它具有水平 360° 和垂直 360° 环视的效果，能给人置身于三维立体的空间感，使观者犹如身在其中。

小华决定尝试拍摄校园 720° 全景，拍摄前他思考了以下问题：

（1）如何纯手动操作拍摄空中 720° 全景？

（2）拍摄需要使用哪些设备？如果使用移动设备，则需要下载哪些 APP？

案例 2：AR 短视频制作

现如今，短视频十分火热。短视频比图文更丰富生动，比直播和长视频制作门槛低、效率高，是各大商业巨头争抢的流量入口。2018 年初，直播答题成为直播和短视频平台的风口，AR 与短视频结合的技术产生了。

AR 作为对现实的增强，可以改变人们生活的方方面面。AR 导航、AR 尺子等通过虚拟辅助信息让日常生活更加便捷。

小华决定尝试制作 AR 短视频，需要深入思考以下问题：

（1）AR 短视频的制作需要用到哪些技术？需要哪些设备？

（2）可以利用"神奇 AR"软件拍摄一段创意视频吗？

三、练习题

（一）选择题

1. 下列选项中不属于虚拟现实技术特点的是（　　）。
   A. 沉浸性　　　　　　　　　　B. 虚拟性
   C. 交互性　　　　　　　　　　D. 想象性

2. 下列选项中不属于虚拟现实系统组成部分的是（　　）。
   A. 计算机系统　　　　　　　　B. 虚拟现实交互设备

    C．虚拟现实工具软件　　　　　　　D．虚拟现实硬件设备

3．下列选项中不属于虚拟现实技术应用领域的是（　　　）。

    A．医疗　　　　　　　　　　　　　B．军事与航空航天

    C．电子商务　　　　　　　　　　　D．影视娱乐业

4．下列选项中描述错误的是（　　　）。

    A．增强现实技术与虚拟现实技术的沉浸感要求不同。

    B．增强现实技术可缓解虚拟现实技术建立逼真虚拟环境时对计算机能力的苛刻要
求，在一定程度上降低人与环境自然交互的要求。

    C．增强现实技术与虚拟现实技术的应用领域类似。

    D．虚拟现实需要通过对虚拟空间的设置来实现虚拟图像的呈现。

5．下列选项中不属于增强现实技术应用领域的是（　　　）。

    A．军事　　　　　　　　　　　　　B．医疗

    C．教育　　　　　　　　　　　　　D．电子商务

6．下列选项中属于增强现实技术具体应用的是（　　　）。

    A．实时传递火炬　　　　　　　　　B．Faceu 通过对人脸实时追踪

    C．谷歌开发的 Ingress　　　　　　D．远程操控手术

7．下列选项中不属于虚拟现实技术在医学方面应用的是（　　　）。

    A．手术模拟、人体器官学习　　　　B．构建虚拟三维人体模型

    C．远程指导手术　　　　　　　　　D．心理治疗

8．下列选项中，（　　　）不是增强现实技术产生和发展的原因。

    A．虚拟现实技术设备价格昂贵

    B．虚拟现实技术数据量巨大

    C．虚拟现实技术的人机交互难以实现

    D．虚拟现实三维建模烦琐

（二）填空题

1．虚拟现实技术是一种可以使人以沉浸方式进入和体验人为创造的虚拟世界的_____。

2．虚拟现实技术的主要特征是用户能够进入一个有_____模拟的交互式三维虚拟环境
中，用_____与_____进行交互操作，从而有效地扩展认知手段和应用领域。

3．虚拟现实技术的交互性特征是指用户可以通过佩戴_____，借助压力传感器和位置
信息的追踪，实现与虚拟创设的环境_____，拉近与目标对象之间的距离，获取更逼真的
_____。

4．虚拟现实技术在军事与航空航天上的应用，是该技术快速发展的_____。

5．增强现实简称_____，是通过计算机系统提供的信息增加用户对现实世界感知的技

术，它是将计算机生成的_____、_____或_____叠加到真实场景中，实现_____效果。

6．在虚拟现实的环境中，感觉就像是完全置身于虚拟世界，从_____、_____到_____，都能给用户的感官体验带来惊人的冲击。

7．VR 系统中常见的立体显示设备可分为_____、_____和_____。

8．_____和_____都是科技发展的产物。

9．增强现实技术的目的就是让用户感受到虚拟物体呈现的时空与真实世界是一致的，做到_____，_____。

10．增强现实技术是强化真实世界信息和虚拟世界信息内容之间_____的新技术。

（三）简答题

1．谈谈你对虚拟现实技术的理解。

2．与传统的虚拟仿真技术相比，虚拟现实技术的特征主要有哪些？

3．增强现实技术和虚拟现实技术的区别是什么？

4．谈谈增强现实技术的应用现状。

5．谈谈虚拟现实技术在教育和培训行业的应用。

6．虚拟现实技术在医学领域的应用有哪些方面？

（四）判断题

1．虚拟现实技术是随着增强现实技术的发展而产生的。　　　　　　　（　　）

2．与虚拟现实技术相比，增强现实技术的应用范围更加广泛。　　　　（　　）

3．虚拟现实技术不仅可以使用户感知虚拟对象，还能感知外部真实场景。（　　）

4．增强现实技术是虚拟现实技术的一个重要分支。　　　　　　　　　（　　）

5．虚拟现实技术可以提高用户对现实世界的感知能力。　　　　　　　（　　）

6．虚拟现实技术和增强现实技术是当代多媒体技术的典型代表。　　　（　　）

7．虚拟现实技术清除了增强现实技术将用户与现实环境隔离等弊端。　（　　）

8．虚拟现实技术的沉浸感来源于对虚拟世界的多感知性。　　　　　　（　　）

9．虚拟商城是虚拟现实技术在电子商务领域应用的体现。　　　　　　（　　）

10．增强现实技术可用于心理治疗。　　　　　　　　　　　　　　　（　　）

（五）操作题

1．收集虚拟现实技术在生活、生产中的应用案例，说说未来应用的发展趋势。

2．使用相机全景 360°拍照，再借助虚拟现实设备，开展全景体验。

3．上网查询目前虚拟现实都有哪些设备，说说未来可能出现哪些设备。

4．在移动设备上安装"神奇 AR"软件，制作 AR 视频"四季校园"。

5．收集增强现实技术的应用案例，说说 AR 技术的社会价值。

四、任务考核

完成本任务学习后达到学业质量水平一的学业成就表现如下。

（1）能清晰说出虚拟现实技术和增强现实技术的区别。

（2）能了解虚拟现实技术和增强现实技术的应用现状和具体应用案例。

（3）能清晰说出虚拟现实系统的组成和虚拟现实技术的特点。

完成本任务学习后达到学业质量水平二的学业成就表现如下。

（1）会使用简单的 VR 设备。

（2）能够掌握全景图像的拍摄。

第 7 章　信息安全基础

　　本章共分 2 个任务，任务 1 是信息安全基础知识练习，帮助学生全面了解信息安全常识，认知信息安全面临的威胁，充分认识信息安全的重要意义，进而提升信息安全防护意识。任务 2 是与网络攻击有关的知识和技能练习，帮助学生了解恶意攻击信息系统的形式和特点，掌握常用的信息安全防范措施，树立良好的信息安全观。

任务 1　了解信息安全常识

◆ **知识、技能练习目标**

1．了解信息安全的基本知识与现状；
2．了解信息安全相关的法律、法规，具备信息安全和隐私保护意识。

◆ **核心素养目标**

1．增强信息安全意识；
2．树立遵纪守法观念；
3．强化信息社会责任。

◆ **课程思政目标**

1．遵纪守法、文明守信；
2．自觉践行社会主义核心价值观。

一、学习重点和难点

1. 学习重点

（1）信息安全基础知识；

（2）网络钓鱼的常见方式；

（3）网络安全法律、法规。

2. 学习难点

（1）信息安全威胁识别；

（2）防范网络钓鱼的常用措施。

二、学习案例

 案例1：网络钓鱼

小华近日收到陌生号码发来的短信，短信内容大致为小华中奖了，奖品为某品牌笔记本电脑一台，需要打开一个网址领取奖品。小华将信将疑，经过了解，此短信为钓鱼短信。诈骗分子冒充官方机构向机主发送钓鱼网站链接，诱导机主进入钓鱼网站，骗取其姓名、身份证号码、银行账号、银行卡绑定的手机号及密码（支付密码、短信验证码、银行卡 CVV 码等）。如果骗子同时获取这 5 项信息，就能转走事主账户内资金。这就是一种常见的网络钓鱼。

网络钓鱼还会通过即时聊天工具或网页发布的低价促销、免担保贷款、高额兼职及中奖信息等，诱导用户支付服务费、税款及邮费，大家要对这些信息提高警惕，以免上当受骗。

假冒网站也是网络钓鱼的常用工具。不法分子用于网络钓鱼的假冒网站与被仿冒的对象非常相似，从界面上看很难分辨，但域名无法仿冒，通过辨别域名可分辨真伪。工信部在《关于加强互联网站备案管理的工作方案》中要求合法网站要进行相关信息备案，大家可以通过IP 地址、域名信息来辨别真伪。

小华在深入思考以下问题：

（1）网上购物时如何防范网络钓鱼？

（2）个人计算机该如何避免网络钓鱼攻击？

案例 2：攻击学校服务器

　　近日，小华的同学因为入侵学校数据库，修改个人成绩被学校处分了。小华了解到该同学上学期期末考试有 5 个科目成绩不及格，因为担心考试成绩影响毕业，遂通过技术手段获取老师的工作账号及密码，登录了学校的教务管理系统，对自己不及格的科目成绩进行了修改，使其全部成绩都在合格线以上。学校在整理学生成绩时发现该同学的成绩在没有任何理由的情况下发生了变动，并且 5 科成绩同时变动，觉得该情况可疑。经过班主任的约谈，该同学承认了自己的违纪事实。学校根据学生违纪处分办法，通报了最终的处分决定。

　　为杜绝此类事件的发生，学校已经更新了认证系统，并升级了账户安全措施，增加通过短信重置密码的功能，对超过半年没有修改密码的账号强制修改密码。

　　小华在深入思考以下问题：

　　（1）危害信息安全的不法行为可能带来什么危害？

　　（2）日常学习生活中如何正确使用账号和密码？

三、练习题

（一）选择题

　　1．用户收到了一封可疑的电子邮件，要求用户提供银行账号和密码，这是属于（　　　）攻击手段。

　　　　A．缓冲区溢出　　　　　　　　B．网络钓鱼

　　　　C．后门　　　　　　　　　　　D．DDOS

　　2．下列防范电子邮箱入侵的措施中不正确的是（　　　）。

　　　　A．不用出生日期做密码

　　　　B．自己搭建服务器

　　　　C．不用纯数字做密码

　　　　D．不用少于 5 位的密码

　　3．网络钓鱼攻击是（　　　）。

　　　　A．网络上的钓鱼休闲活动

　　　　B．挖掘比特币

　　　　C．网络购物

　　　　D．网络诈骗活动

4．钓鱼攻击常用的手段是（　　　）。

    A．利用虚假的电子商务网站   B．利用垃圾邮件

    C．利用带有木马的二维码   D．以上都是

5．计算机网络管理日趋（　　　）。

    A．简单化   B．复杂化

    C．程序化   D．规范化

6．0day 漏洞是（　　　）。

    A．由软件厂商发布补丁后按时间排序第 0 天

    B．由软件厂商发布补丁后按时间排序第 1 天

    C．著名漏洞公司零日公司捕获并发布的漏洞

    D．未被公开且没有补丁的漏洞

7．网络安全主要涉及（　　　）。

    A．信息存储安全   B．信息传输安全

    C．信息应用安全   D．以上都是

8．下列关于恶意代码描述错误的是（　　　）。

    A．恶意代码的主流是木马

    B．恶意代码的自我保护能力增强

    C．恶意代码黑色产业链逐步形成

    D．恶意代码对计算机网络影响不大

（二）填空题

1．_____是指信息不会被故意或偶然地非法泄露、更改、破坏，不会被非法辨识、控制，人们能安全、有序地使用信息。

2．法律规范主体违反法律规范的规定后，应当承担的责任大体分为_____、_____和_____。

3．从系统整体看，导致安全"漏洞"的主要原因包括_____和_____两大因素。

4．_____在恶意代码中占绝大多数。

5．2017 年互联网出现针对 Windows 操作系统的勒索软件攻击，该软件是利用_____服务漏洞进行的。

6．完整的木马程序一般由两部分组成，分别是服务器端和_____。

（三）简答题

1．网络恶意代码增加自我保护机制的目的是什么？

2．什么是垃圾邮件？如何防范垃圾邮件？

3．信息安全控制包含哪些层面的内容？

4．如何防范网络钓鱼？

5．危害信息安全的不法行为可能带来哪些危害？

〰〰〰〰〰〰〰〰〰〰〰〰〰〰〰〰〰〰〰〰〰〰〰〰

〰〰〰〰〰〰〰〰〰〰〰〰〰〰〰〰〰〰〰〰〰〰〰〰

〰〰〰〰〰〰〰〰〰〰〰〰〰〰〰〰〰〰〰〰〰〰〰〰

〰〰〰〰〰〰〰〰〰〰〰〰〰〰〰〰〰〰〰〰〰〰〰〰

（四）判断题

1．信息安全关系国家安全、社会稳定和民族文化传承。 （   ）

2．信息安全是一门综合性学科，内容广泛且技术复杂。 （   ）

3．当前网络安全形势比较乐观，数据泄露不严重。 （   ）

4．木马制造者通过盗取互联网上有价值的信息并转卖获利。 （   ）

5．"挂马"就是黑客通过各种手段获取管理员账号，修改网页并加入恶意转向代码，使访问者进入网站后自动进入转向地址或下载恶意代码。 （   ）

6．恶意代码很容易被杀毒软件查杀。 （   ）

7．计算机网络活动中实施危害行为可能承担刑事责任。 （   ）

8．计算机网络用户不必遵纪守法。 （   ）

（五）操作题（写出操作要点，记录操作中遇到的问题和解决办法）

1．简单列出识别钓鱼网站的方法。

2．写出 Windows 的 MS17-010 漏洞防范措施。

3．写出查询正确域名的步骤。

4．写出清除浏览器 Cookie 内容的步骤。

5. 收集信息安全典型案例，说明出现危害信息安全的原因，提出有针对性的防范策略。

四、任务考核

完成本任务的学习后达到学业质量水平一的学业成就表现如下。

（1）能说明钓鱼攻击的主要形式。

（2）能够防范钓鱼攻击。

完成本任务的学习后达到学业质量水平二的学业成就表现如下。

（1）能有针对性分析信息系统面临的安全风险。

（2）能够正确使用个人账号密码。

任务 2　防范信息系统恶意攻击

◆　知识、技能练习目标

1. 了解黑客攻击的一般步骤；

2. 了解勒索病毒的危害，掌握防范勒索病毒的常用措施。

◆　核心素养目标

1. 增强网络安全意识；

2. 树立遵纪守法观念；

3. 强化信息社会责任。

◆　课程思政目标

1. 遵纪守法、明理守信；

2．自觉践行社会主义核心价值观。

一、学习重点和难点

1．学习重点

（1）网络攻击的一般步骤；

（2）勒索病毒的危害和防范措施。

2．学习难点

（1）防范网络攻击的步骤；

（2）防范勒索病毒措施。

二、学习案例

 案例 1：黑客入侵

小华在使用个人计算机时发现用户列表中多了个名为"hacker"奇怪账户，他清楚记得没建立过这个账户。通过了解得知，他的计算机被黑客攻击了，黑客创建了后门用户，用于下一次访问。

小华查找了相关资料，了解到一次成功的黑客攻击包含 5 个步骤：搜索、扫描、获取权限、保持连接和消除痕迹。

（1）搜索。

搜索可能是耗费时间最长的阶段，有时可能会持续几个星期甚至几个月。黑客会利用各种渠道尽可能地了解要攻击的计算机，包括互联网搜索、垃圾数据搜寻、域名管理/搜索服务、发侵入性的网络扫描等。

（2）扫描。

一旦攻击者对要入侵的计算机的具体情况有了足够的了解，就会对周边和内部网络设备进行扫描，以寻找潜在的漏洞，其中包括开放的端口、开放的应用服务、操作系统在内的应用漏洞、保护性较差的数据传输、局域网/广域网设备的品牌和型号。

（3）获得权限。

攻击者获得连接的权限就意味着实际攻击已经开始。通常情况下，攻击者选择的目标可以为其提供有用信息或可以作为攻击其他目标的起点。在这两种情况下，攻击者都必须取得一台或多台网络设备某种类型的访问权限。

（4）保持连接。

为了保证攻击的顺利完成，攻击者必须保持连接的时间足够长。攻击者到达这一阶段也就意味着成功地规避了系统的安全控制措施。

（5）消除痕迹。

在实现攻击的目的后，攻击者通常会采取各种措施隐藏入侵的痕迹，并为今后可能的访问留下控制权限。

小华在深入思考以下问题：

（1）如何尽量避免计算机系统信息泄露？

（2）如何知道个人计算机受到黑客攻击？

 案例 2：勒索病毒及其防御

近日，小华的表哥跟小华诉苦，他就职的金融投资公司突然遭受网络攻击，计算机全部瘫痪，数据都被恶意加密，黑客只留下一封电子邮件："要想恢复数据，请交 100 万元赎金，否则就公布贵公司所有商业机密。"小华通过向学校的信息技术老师请教，了解到这是典型的勒索病毒攻击，黑客通过攻击技能获取敏感信息，从而勒索巨额钱财。

勒索病毒文件一旦被用户打开，即会连接黑客的服务器，进而上传本机信息并下载加密公钥和私钥。然后，黑客将加密公钥和私钥写入注册表中，遍历本地所有磁盘中的 Office 文档、图片等文件，对这些文件进行格式篡改和加密。加密完成后，会在桌面等明显位置生成勒索提示文件，指导用户缴纳赎金。

勒索病毒的主要攻击方式有系统漏洞攻击、远程弱口令攻击及钓鱼邮件攻击等。

勒索病毒危害极大，防御措施包括以下 7 个。

（1）定期对操作系统与应用软件进行漏洞扫描，及时更新补丁或升级应用软件，密切关注漏洞平台发布的预警信息。

（2）开启操作系统自带的防火墙，开放业务端口。在局域网中，操作系统自带的防火墙作为最后一道防线发挥着非常重要的作用，可以拦截大部分木马、蠕虫和勒索病毒等。

（3）定期进行弱口令检查，设置在连续输入密码错误后锁定账户或封禁 IP 继续登录，防止暴力爆破。

（4）定期检查特殊账户，删除或禁用过期、空口令账户。

（5）开启日志审计功能，用户日志保留半年以上。

（6）备份重要文件，建议采用本地备份、脱机隔离备份及云端备份等方式对重要文件共同备份。

（7）安装基于主机入侵检测系统或杀毒软件。

小华在深入思考以下问题：

（1）如何系统用户密码设置才能防止暴力爆破？

（2）常用的杀毒软件有哪些？

三、练习题

（一）选择题

1．下列关于用户密码说法正确的是（　　　）。

　　A．不用出生日期做密码

　　B．复杂密码安全性较高

　　C．密码认证是常见的认证机制

　　D．以上都对

2．黑客是指（　　　）。

　　A．计算机入侵者　　　　　　　B．网站维护者

　　C．利用病毒破坏计算机的人　　D．穿黑色衣服的客人

3．入侵检测的核心是（　　　）。

　　A．信息收集　　　　　　　　　B．信息分析

　　C．入侵防护　　　　　　　　　D．检测方法

4．"WannaCry" 勒索病毒利用（　　）端口进行传播。

　　A．80　　　　　　　　　　　　B．3391

　　C．445　　　　　　　　　　　 D．8080

5．下列主机预防感染勒索病毒的做法不正确的是（　　　）。

　　A．尽量不要开放 3389 端口

　　B．定期扫描漏洞，并及时修复

　　C．使用杀毒软件定时扫描

　　D．只要对重要数据文件定期进行非本地备份，就能防护勒索病毒

6．黑客攻击主机可能利用（　　　）。

　　A．Windows 漏洞　　　　　　　B．用户弱口令

　　C．缓冲区溢出　　　　　　　　D．以上都是

7．（　　　）不是常用的网络扫描工具。

　　A．Nmap　　　　　　　　　　　B．Nessus

　　C．fping　　　　　　　　　　　D．Baidu

8．网络后门的功能是（　　　）。

　　A．保持对目标主机长期控制　　B．方便下次直接进入

　　C．持续获取用户隐私　　　　　D．以上都是

（二）填空题

1．_____是指对网络安全活动进行识别、记录、存储和分析，以查证是否发生安全事件的一种安全技术。

2．_____负责统筹协调网络安全工作和相关监督工作。

3．_____负责对信息系统等级保护工作的监督。

4．黑客的网络攻击包含_____、_____、_____、_____、_____等 5 个阶段。

5．处于未被公开状态的漏洞被称为_____漏洞。

6．常见的计算机病毒传播途径有_____、_____、_____、_____。

7．数据备份常用方式有_____、_____和_____。

8．计算机病毒的特点有_____、_____和_____。

（三）简答题

1．黑客危害行为的主要表现形式有些？

~~~~~~

~~~~~~

~~~~~~

~~~~~~

2．黑客成功获取目标系统权限后，如何保持与攻击目标连接？

~~~~~~

~~~~~~

~~~~~~

~~~~~~

3．如何才能尽早发现自己的网络遭受到了攻击？

4．如何备份重要文件以避免勒索病毒攻击？

5．恶意代码查杀软件的优缺点有哪些？

（四）判断题

1．黑客是专门入侵他人系统进行不法行为的人。　　　　　　　　　（　　）

2．非法入侵机密系统可能危害国家安全或造成重大经济损失。　　　（　　）

3．获取可疑 IP 是追踪入侵行为的重要一步。　　　　　　　　　　（　　）

4．黑客成功获取目标系统后，不需要保持连接。　　　　　　　　　（　　）

5．担任与计算机网络安全工作有关的职务，没有严格的时限。　　　（　　）

6．网络监听是一种被动的网络攻击方式。　　　　　　　　　　　　（　　）

7．IP 地址不能修改。　　　　　　　　　　　　　　　　　　　　　（　　）

8．增加用户密码的复杂度能有效防止暴力破解。　　　　　　　　　（　　）

9．勒索病毒加密的文件很容易解密。　　　　　　　　　　　　　　（　　）

（五）操作题（写出操作要点，记录操作中遇到的问题和解决办法）

1．关闭 Windows 系统的 445 端口。

2．查询系统开放的端口。

3．使用"360 安全卫士"清除木马。

4．查询 Windows 系统用户。

5．写出设置 Windows10 密码复杂度策略。

6．使用不同恶意代码查杀软件查杀同一对象，分析查杀结果。

四、任务考核

完成本任务学习后达到学业质量水平一的学业成就表现如下。

（1）能清晰说明黑客网络攻击的一般步骤。

（2）能举例说明防范恶意攻击的基本方法。

完成本任务学习后达到学业质量水平二的学业成就表现如下。

（1）能分析勒索病毒的危害。

（2）能有效预防勒索病毒攻击。

第8章 人工智能初步

本章共有 2 个任务，任务 1 帮助学生全面了解人工智能的基本概念，认知人工智能的基本规则、原理，理解人工智能在现实社会中的具体应用，提升人工智能应用的意识。任务 2 帮助学生了解机器人的形式和特点，理解机器人帮助人类工作的重要意义。

任务 1　初识人工智能

◆ 知识、技能练习目标

1. 了解人工智能的相关概念，识别常用的人工智能应用和场景；
2. 了解人工智能的发展史；
3. 了解人工智能的基本原理。

◆ 核心素养目标

1. 增强信息意识；
2. 发展计算思维；
3. 强化信息社会责任。

◆ 课程思政目标

1. 遵纪守法，文明守信；
2. 自觉践行社会主义核心价值观。

一、学习重点和难点

1．学习重点
（1）人工智能对社会发展的影响；
（2）人工智能应用；
（3）人工智能基本原理。
2．学习难点
（1）人工智能的工作流程；
（2）人工智能应用体验。

二、学习案例

 案例1：短视频应用

小华平时喜欢在手机上看短视频，他发现短视频 APP 非常智能，好像知道他需要什么一样，经常推荐一些他喜欢看的内容。这些 APP 还可以按地理位置、职业、爱好等推荐短视频，用户发布短视频时还能自动识别短视频的内容，自动配上合适的音乐。小华发现自己已经离不开这些 APP 了，每天花大量时间在这些 APP 上，学习成绩慢慢跟不上了，视力也大不如前。

小华在深入思考以下问题：

（1）为什么短视频 APP 能够推荐用户喜爱的内容？用了什么人工智能技术？

（2）用户为什么容易沉迷短视频 APP？你可以给沉迷者提什么建议？

 案例2：自动驾驶

小华对自动驾驶感兴趣，他了解到自动驾驶汽车是依靠人工智能、视觉计算、雷达、监控装置和全球定位系统协同合作，让计算机可以在没有任何人类主动操作下，自动安全地操控车辆。通过采集视频摄像头、雷达传感器及激光测距器来分析周围的交通状况，依托地图（通过有人驾驶汽车采集的地图）对前方的道路进行导航。目前做得比较好的公司有特斯拉、百度等。尽管自动驾驶大大方便了人们的出行，可也带来了新的安全问题，例如，在自动驾驶行车过程中发生交通事故，责任如何鉴定等。

小华在深入思考以下问题：

（1）自动驾驶涉及人工智能哪些领域？

（2）视觉感知和雷达感知在自动驾驶中扮演什么角色？

（3）怎样鉴定自动驾驶过程中发生交通事故的责任？

三、练习题

（一）选择题

1．下列不属于人工智能特点的是（　　）。

    A．智能性　　　　　　　　　　B．不可预测

    C．自主学习　　　　　　　　　　D．自动推理

2．下列不属于人工智能常见应用场景的是（　　）。

    A．使用网络　　　　　　　　　　B．无人驾驶

    C．机器翻译　　　　　　　　　　D．扫地机器人

3．人工智能是一门（　　）。

    A．数据和生理学　　　　　　　　B．心理学和生理学

    C．语言学　　　　　　　　　　　D．综合性的交叉学科和边缘学科

4．下列不属于人工智能研究基本内容的是（　　）。

    A．机器感知　　　　　　　　　　B．机器学习

    C．自动化　　　　　　　　　　　D．机器思维

5．人工智能的目的是让机器能够（　　），以实现某些脑力劳动的机械化。

    A．模拟、延伸和扩展人的智能　　B．具有完全的智能

    C．和人脑一样考虑问题　　　　　D．完全代替人

6．下列属于计算机视觉范畴的是（　　）。

    A．图像处理　　　　　　　　　　B．地理定位

    C．计算机维修　　　　　　　　　D．声音识别

7．机器学习是以数据为研究对象，是（　　）驱动的科学。

    A．数据　　　　　　　　　　　　B．机器人

    C．算法　　　　　　　　　　　　D．情景

8．智能音箱主要使用了下列哪个人工智能的技术。（　　）

    A．图像感知　　　　　　　　　　B．物理定位

    C．雷达扫描　　　　　　　　　　D．语言识别

9．机器学习的研究对象是（　　）。

    A．多维向量空间的数据　　　　　B．机器维修

    C．图像识别　　　　　　　　　　D．数据统计

（二）填空题

1. 人工智能是通过_____、延伸和增强人类改造自然和治理社会能力的科学与技术。

2. 人工智能的英文缩写是_____。

3. _____、_____、_____、_____、和_____是人工智能研究的重要领域。

4. 人工智能技术本质上是以_____为核心，辅以计算机技术的产品。

5. 人工智能可以分为强人工智能和_____。

6. 强人工智能有_____的人工智能和_____的人工智能。

7. 机器学习可以分为有监督学习、_____、半监督学习和_____。

8. 机器学习三要素包括模型、策略和_____。

9. 机器学习的目的是对数据进行预测与_____。

（三）简答题

1. 简述人工智能的基本原理。

2. 简述人工智能的研究领域。

3. 简述人工智能的应用场景。

4. 畅想未来，描述人工智能社会成熟发展后的人类社会生活。

5. 为什么近年人工智能才进入爆发期？

6. 简述人工智能的基本工作流程。

7. 谈谈你使用过哪些人工智能产品，有什么优点？

8．简述人工智能、机器学习和深度学习的关系。

（四）判断题

1．人工智能是计算机科学的一个分支。（　　）
2．人工智能能够模拟人的某些思维过程和智能行为。（　　）
3．人工智能正由弱人工智能向强人工智能迈进。（　　）
4．自动批改作业不属于人工智能的应用。（　　）
5．人工智能属于交叉学科。（　　）
6．机器学习不需要统计学知识。（　　）
7．苹果手机的 Siri 不属于人工智能的应用。（　　）
8．现在语言翻译机器的使用范围越来越大。（　　）

（五）操作题（写出操作要点，记录操作中遇到的问题和解决办法）

1．收集相关资料，举例说明强人工智能遇到的伦理和法律上的挑战？

2．收集相关资料，举例说明常用人工智能的算法？

3．收集智能家居设备资料，试搭建功能齐全的智能生活环境。

4．体验自动驾驶汽车，说明可能出现的问题，提出有针对性的防范策略。

5．与计算机象棋对弈，分析输赢原因。

6．收集人工智能应用出现的问题，说说人工智能应用应遵循的伦理道德。

四、任务考核

完成本任务学习后达到学业质量水平一的学业成就表现如下。

（1）能清晰说明人工智能的基本原理。

（2）能识别人工智能的应用。

（3）能利用成熟的人工智能工具学习与工作。

（4）能清晰说明人工智能的常用感知设备。

完成本任务学习后达到学业质量水平二的学业成就表现如下。

（1）了解与本人专业有关人工智能的应用内容。

（2）了解人工智能应用发展中存在的问题。

任务 2　认识机器人

◆ **知识、技能练习目标**

1．了解机器人的概念；
2．了解机器人技术的发展与应用。

◆ **核心素养目标**

1．提高数字化学习能力；
2．强化信息社会责任。

◆ **课程思政目标**

1．了解我国机器人制造的前沿技术，增加自豪感；
2．了解我国机器人发展潜力，增强使命感。

一、学习重点和难点

1．学习重点
（1）机器人的定义、特征；
（2）机器人的发展与分类；
（3）机器人在人们生产与生活中的具体应用。
2．学习难点
（1）机器人应用对社会发展的影响；
（2）机器人控制的基本知识。

二、学习案例

案例 1：机器人"服务员"

　　周末，小华一家人去餐馆吃饭，他看到这家餐馆用机器人"服务员"担任送菜的工作，几台头顶服务员帽子的送餐机器人快速、准确地为客人送上热汤热菜，他觉得非常好奇，想知道机器人怎么做到完美地避开障碍物将菜送到指定的桌子，机器人难道也有眼睛和耳朵？

小华在深入思考以下问题：

（1）送餐机器人怎么"听到"指令，"看到"路，从而避开障碍物，将菜送到指令的位置？

（2）机器人在生活中除送餐外还能做什么工作呢？

（3）送餐机器人属于哪种机器人？还有哪些种类的机器人？

 案例2：无人机的应用

小华最近迷上了空中摄影，他利用暑假时间在家乡拍了大量风景照片。有一天他想给家乡的小河拍一组空中的鸟瞰图，他尝试使用一台无人机进行摄影，通过学习，他慢慢掌握了无人机的使用技巧。通过使用无人机，小华成功地拍摄了一组家乡高空视角照片。通过无人机的视角，小华重新认识了家乡的每个角落，他彻底地迷上了无人机摄影这种新的拍摄方式。

小华在深入思考以下问题：

（1）无人机算不算是机器人的一种？

（2）无人机除高空拍摄外，还能为人们做哪些工作？

三、练习题

（一）选择题

1. 工业机器人被广泛地应用于（　　）等工业领域。

    A．电子、化工、物流　　　　B．机械、制造、航运

    C．传输、航天、制造　　　　D．电子、化工、船运

2. 下列不属于机器人先后演进的是（　　）。

    A．遥控操作器　　　　　　　B．程序执行器

    C．智能机器人　　　　　　　D．传感器

3. 机器人是一种具有一些人或其他生物相似的智能能力的具有高度（　　）的机器。

    A．自控力、网络化　　　　　B．灵活性、自动化

    C．编程能力、自动化　　　　D．灵活性、网络化

4. 机器人具有一定程度的智能化的特征，包括（　　）特征。

    A．记忆、感知、推理、决策、学习

    B．灵活性、自动化、推理、决策、学习

    C．推理、决策、学习、网络

    D．记忆、感知、推理、灵活性、自动化

5．以技术视角看，机器人系统不包括（　　）。

　　A．遥控部分　　　　　　　　B．智能控制

　　C．信息感知　　　　　　　　D．执行机构

6．不是陆地机器人的是（　　）。

　　A．履带式　　　　　　　　　B．浮游式

　　C．轮式　　　　　　　　　　D．足式

7．按照国际机器人联合会（IFR）的机器人分类方法，将机器人分成（　　）。

　　A．服务机器人和智能机器人

　　B．人工控制机器人和自动控制机器人

　　C．特殊机器人和正常机器人

　　D．工业机器人和服务机器人

8．智能机器人至少应具备（　　）种机能。

　　A．3　　　　　　　　　　　　B．4

　　C．5　　　　　　　　　　　　D．6

9．工业机器人的涵盖面很广，根据其用途和功能，可分为（　　）四大类。

　　A．加工、焊接、运输、数据分析

　　B．加工、装配、搬运、包装

　　C．焊接、装配、运输、机械

　　D．装配、焊接、数据分析、运输

（二）填空题

1．机器人是＿＿＿＿应用的一个重要载体。

2．工业机器人是广泛用于＿＿＿＿的＿＿＿＿机械手或＿＿＿＿的机械装置。

3．工业机器人被广泛地应用于＿＿＿＿、＿＿＿＿、＿＿＿＿等各个工业领域。

4．根据机器人目前的控制系统技术水平，一般可以分成＿＿＿＿（第一代）、＿＿＿＿（第二代）、＿＿＿＿（第三代）3 类。

5．机器人感知系统包括＿＿＿＿传感器和＿＿＿＿传感器 2 类。

6．足式机器人可以模仿＿＿＿＿行走，缺点是行进＿＿＿＿较低，结构重心不稳。

7．约瑟夫·恩格尔伯格对世界机器人工业的发展做出了杰出的贡献，被称为＿＿＿＿。

8．1978 年，美国 Unimation 公司推出通用工业机器人，应用于＿＿＿＿，这标志着工业机器人技术已经完全成熟。

9．2003 年，德国库卡（KUKA）公司开发出第一台＿＿＿＿机器人 Robocoaster。

（三）简答题

1．机器人与人工智能的关系是什么？

2．机器人的定义是什么？机器人如何体现人工智能的特点？

3．未来会有哪些危险和繁重工作可以由机器人来完成？

4．在国际机器人联合会的分类中，工业机器人可分为哪几类？

5．常见的机器人定义有哪些。

6．简述机器人感知的基本原理。

7．机器人具有与人或其他生物相似的智能能力，包括哪些能力？

8．未来机器人会往哪几个方面发展？

（四）判断题

1．机器人可代替或协助人类完成所有工作。　　　　　　　　　　　（　　　）

2．机器人是人工智能应用的一个重要载体。 （ ）

3．机器人技术代表一个国家的高科技发展水平。 （ ）

4．工业机器人在搬运、装配、加工、包装和酒店服务等方面被广泛使用。 （ ）

5．扫地机器人是服务机器人的一种。 （ ）

6．用于医疗的机器人不能够进行临床手术操作。 （ ）

7．目前，机器人获得信息可以通过传感器，但它们的传感器远没有达到人类的感知水平。

（ ）

（五）操作题（写出操作要点，记录操作中遇到的问题和解决办法）

1．上网收集智能机器人的最新报道，说说智能机器人的发展动态。

2．收集工业机器人的应用案例，分析使用机器人和不使用机器人的差别。

3．收集家用机器人的应用案例，说说未来家用机器人的发展趋势。

4．上网收集几家我国生产无人机的公司资料，并列举出它们的名称及其优势与不足。

5．收集机器人传感器的应用资料，说说传感器的作用。

6. 收集机器人程序设计语言的相关资料，对比分析不同语言之间的差别。

四、任务考核

完成本任务学习后达到学业质量水平一的学业成就表现如下。

（1）能清晰列举机器人可代替或协助人类完成的工作。

（2）能清晰说明机器人发展的过程。

（3）能说明工业机器人与服务机器人的区别。

（4）能正确讲述机器人对人类社会发展的积极作用。

完成本任务学习后达到学业质量水平二的学业成就表现如下。

（1）能够说出本专业常用机器人的基本操作方法。

（2）能结合身边实际案例分析机器人对人类未来发展的重要作用，以及机器人技术的发展方向。